U0195745

中等职业教育国家规划教材
全国中等职业教育教材审定委员会审定
全国建设行业中等职业教育推荐教材

建筑装饰施工组织与管理

（建筑装饰专业）

主编　吴根宝
审稿　纪鸿声　甘绍熺

中国建筑工业出版社

图书在版编目（CIP）数据

建筑装饰施工组织与管理/吴根宝主编.—北京：中国建筑工业出版社，2003（2024.6重印）
中等职业教育国家规划教材. 建筑装饰专业
ISBN 978-7-112-05396-4

Ⅰ. 建… Ⅱ. 吴… Ⅲ. ①建筑装饰-工程施工-施工组织-专业学校-教材 ②建筑装饰-工程施工-施工管理-专业学校-教材 Ⅳ. TU767

中国版本图书馆CIP数据核字(2003)第008770号

本书是全国建设行业中等职业教育建筑装饰专业推荐教材之一，主要内容有：建筑装饰施工组织与管理概论，流水施工的基本原理和方法，网络计划的基本方法和应用，建筑装饰工程施工组织设计的编制依据、程序、方法和实例，建筑装饰施工企业的经营、生产、财务和成本管理的基本内容等。每章后附有思考题与习题，便于学员学习。

本书也可供本专业函授、电视、自学考试和技术培训等中等职业教育层次的学员使用，并可供建筑装饰施工技术人员和管理人员阅读参考。

* * *

责任编辑：朱首明 张晶

中 等 职 业 教 育 国 家 规 划 教 材
全国中等职业教育教材审定委员会审定
全国建设行业中等职业教育推荐教材

建筑装饰施工组织与管理

（建筑装饰专业）

主编 吴根宝
审稿 纪鸿声 甘绍熺

*

中国建筑工业出版社出版、发行（北京西郊百万庄）
各地新华书店、建筑书店经销
建工社（河北）印刷有限公司印刷

*

开本：787×1092毫米 1/16 印张：10¼ 字数：245千字
2003年2月第一版 2024年6月第十六次印刷
定价：**15.00**元
ISBN 978-7-112-05396-4
（14907）

版权所有 翻印必究
如有印装质量问题，可寄本社退换
（邮政编码 100037）

中等职业教育国家规划教材出版说明

为了贯彻《中共中央国务院关于深化教育改革全面推进素质教育的决定》精神，落实《面向21世纪教育振兴行动计划》中提出的职业教育课程改革和教材建设规划，根据教育部关于《中等职业教育国家规划教材申报、立项及管理意见》（教职成［2001］1号）的精神，我们组织力量对实现中等职业教育培养目标和保证基本教学规格起保障作用的德育课程、文化基础课程、专业技术基础课程和80个重点建设专业主干课程的教材进行了规划和编写，从2001年秋季开学起，国家规划教材将陆续提供给各类中等职业学校选用。

国家规划教材是根据教育部最新颁布的德育课程、文化基础课程、专业技术基础课程和80个重点建设专业主干课程的教学大纲（课程教学基本要求）编写，并经全国中等职业教育教材审定委员会审定。新教材全面贯彻素质教育思想，从社会发展对高素质劳动者和中初级专门人才需要的实际出发，注重对学生的创新精神和实践能力的培养。新教材在理论体系、组织结构和阐述方法等方面均作了一些新的尝试。新教材实行一纲多本，努力为教材选用提供比较和选择，满足不同学制、不同专业和不同办学条件的教学需要。

希望各地、各部门积极推广和选用国家规划教材，并在使用过程中，注意总结经验，及时提出修改意见和建议，使之不断完善和提高。

教育部职业教育与成人教育司

2002年10月

前　　言

本书是根据建设部制订、教育部颁发的中等职业教育建筑装饰专业教学标准，《建筑装饰施工组织与管理》教学基本要求，现行国家规范、标准、规定和适应本专业各类中等职业教育层次学员使用要求而编写的。

在编写过程中，我们从建筑装饰专业的实际出发，注重该课程的实用性，强调理论联系实际，充分体现新成果、新理论、新标准、新规定，力求达到内容系统、深浅适当、简明易懂。

本书主要讲授建筑装饰施工组织与管理概论，流水施工的基本原理和方法，网络计划的基本方法和应用，建筑装饰工程施工组织设计的编制依据、程序、方法和实例，建筑装饰施工企业的经营、生产、财务和成本管理的基本内容等。书中带有“*”的章节为选用内容，由各学校根据实际选用。

本书由上海市建筑工程学校高级讲师吴根宝同志主编，并受教育部委托由清华大学建设管理系纪鸿声和甘绍熺教授对全书进行主审。具体编写分工为：吴根宝编写第一、五章；上海市建筑工程学校张永辉编写第二章及第三章的第一、二、三节；江苏省常州市城建学校朱平编写第四章及第三章的第四节。

由于编者的经验和水平有限，而且编写时间仓促，书中尚有不当之处，恳请广大读者给予指正。

目　　录

第一章　概论 ······ 1
第一节　建筑装饰工程施工组织与管理研究的对象和任务 ······ 1
第二节　建筑装饰工程的施工程序 ······ 2
第三节　建筑装饰工程的施工准备工作 ······ 4
第四节　建筑装饰工程施工组织设计的作用、分类和内容 ······ 13
第五节　建筑装饰工程施工组织与管理的基本原则 ······ 15
思考题与习题 ······ 17
第二章　建筑装饰工程流水施工 ······ 18
第一节　流水施工的基本概念 ······ 18
第二节　流水施工的主要参数 ······ 21
第三节　流水施工的基本方式 ······ 25
思考题与习题 ······ 30
第三章　网络计划技术基本知识 ······ 32
第一节　网络计划技术的基本概念 ······ 32
第二节　双代号网络计划 ······ 37
第三节　单代号网络计划 ······ 49
*第四节　计算机在网络计划编制中的应用 ······ 51
思考题与习题 ······ 57
第四章　单位装饰工程施工组织设计 ······ 59
第一节　单位装饰工程施工组织设计的概念 ······ 59
第二节　工程概况 ······ 61
第三节　施工方案与施工方法 ······ 61
第四节　施工进度计划 ······ 68
第五节　施工准备工作及各项资源需用量计划 ······ 71
第六节　施工平面图 ······ 73
*第七节　单位装饰工程施工组织设计实例 ······ 76
思考题与习题 ······ 91
第五章　建筑装饰施工企业管理 ······ 92
第一节　建筑装饰施工企业 ······ 92
第二节　建筑装饰施工企业管理 ······ 103
第三节　建筑装饰施工企业生产管理 ······ 109
第四节　建筑装饰施工企业生产要素管理 ······ 128
第五节　建筑装饰施工企业财务与成本管理 ······ 139
思考题与习题 ······ 154
主要参考书目 ······ 156

第一章　概　　论

在一个建筑装饰工地上，有着许多不同工种的操作工人、不同类型的施工机具、不同种类的装饰材料或饰物、不同要求的施工工艺、以及不同条件的装饰环境等。要提高工程质量、缩短施工工期、减少资源消耗、降低工程成本、实现安全文明施工，建筑装饰施工管理人员面临着一个如何合理组织施工和管理的问题。本章主要叙述建筑装饰工程施工组织与管理的基本概念和基本内容，使学生了解建筑装饰工程的施工程序、施工准备工作及施工组织设计的内容，掌握建筑装饰工程施工组织与管理的基本原则。

第一节　建筑装饰工程施工组织与管理研究的对象和任务

建筑装饰是指为保护建筑物的主体结构、完善建筑物的使用功能和美化建筑物，采用装饰材料或饰物，对建筑物的内外表面及空间所进行的各种处理过程。“建筑装饰”的含义包括了“装饰”、“装修”和“装潢”等提法所指的工程内容，“装饰”反映面层处理比较贴切，“装修”与基层处理、龙骨设置等工程内容较为接近，“装潢”的本意是指裱画。

一、建筑装饰工程

建筑装饰工程是建筑工程的一个重要组成部分，它是指为新建、改建、扩建或原有建筑物进行了装饰规划、设计和施工等各项技术工作后所完成的工程实体。

（一）建筑装饰工程的分类

建筑装饰工程就其内容而言，包括室内装饰工程和室外装饰工程；按其装饰部位不同，可分为地面装饰、吊顶装饰、内墙装饰和外墙装饰等；按其装饰用途不同，可分为保护性装饰（即保护建筑结构物不直接遭受风吹、雨淋、日晒和大气侵蚀及人为污染）、功能性装饰（即提高建筑物保温、隔热、防火、隔声、防潮和防腐的性能）、美化性装饰（即起到美化建筑、提高建筑艺术美和改善人们活动环境）。

建筑装饰工程按其质量验收规范和统一标准要求，可分为地面、抹灰、门窗、吊顶、轻质隔墙、饰面板（砖）、幕墙、涂饰、裱糊与软包、细部等子分部工程。

（二）建筑装饰工程的特点

建筑装饰工程有其明显的特点：一是它基本上暴露在建筑物的外表，故受自然环境影响较大；二是它融合了工程技术与文化艺术，故具有鲜明的个性化和社会性；三是它的工序繁多、装饰材料品种繁杂，故施工工艺、方法呈现多样性。

通过建筑装饰工程的实施，可以保护建筑物的主体结构，避免其遭受大自然的侵蚀和人为的污染，从而延长建筑物的使用寿命；可以完善建筑物的使用功能，提高其保温、隔热、隔声、防潮和防腐等效果，从而改善人们的居住环境；可以美化建筑物，增强建筑物的美观和艺术效果，从而提高建筑艺术美。

二、课程的研究对象和任务

一个建筑装饰工程的施工，可以有不同的施工顺序、不同的施工工艺、不同的施工组织与管理方法；每一种装饰材料或饰物，可以有不同的采购、供应方式；施工准备工作可以用不同的方式进行；施工现场的材料堆场、临时设施和水电线路等可以有不同的布置形式。这些问题在技术、组织与管理上，通常都有许多方案可供选择。但是不同的方案，其经济效果是不一样的。怎样结合建筑装饰工程的性质、规模、工期长短、工人数量、机具设备、材料供应、人员素质和施工环境等各种技术经济条件，从许多可行的方案中选定最合理的方案，这是建筑装饰施工管理人员在开始施工之前必须解决的问题。

从事建筑装饰工程的施工管理人员，在施工之前通盘考虑上述各项问题后，并根据工程的具体施工项目及与之配套的水卫、暖通、空调、电气、消防工程要求，在人力、资金、材料、机具、施工方法和施工作业环境等主要因素上进行科学合理的安排，在一定的时间和空间内实现有组织、有计划、有秩序的施工组织与管理，以期在整个工程的施工过程中达到相对的理想效果，即：耗工少、工期短、质量高、成本低，业主满意。这就是建筑装饰工程施工组织与管理的根本任务。

本课程的研究对象是建筑装饰工程的施工组织与管理。通过本课程基本理论和基本知识的学习，要求学生掌握建筑装饰工程施工组织与管理的基本原理和方法，熟悉建筑装饰工程流水施工和网络计划技术基本知识，具有编制单位装饰工程施工组织设计的能力，能从事单位装饰工程的施工组织与管理工作，为今后从事建筑装饰工程的施工组织与建筑装饰企业的管理工作打下必备的基础。

内容广泛与实践性强是本课程的显著特点。它与建筑装饰构造、建筑装饰施工技术、建筑装饰工程定额与预算等课程有密切的关系。学习本课程必须注意理论联系实际，除掌握基本理论、基本知识外，还必须十分重视工程实践经验的积累。

第二节　建筑装饰工程的施工程序

整个建筑装饰工程项目，是将一定数量的投资，在一定的约束条件（投资、进度、质量）下，按照一定的建设程序，经过决策（设想、建议、研究、评估、决策）和实施（设计、施工、竣工、验收、动用），最终达到预定效果的一次性建设任务。

一、建筑装饰工程的组成

建筑装饰工程按施工质量验收及报建、报监管理办法划分有两种情况：一种是施工总承包企业承建的新建建设项目，按建筑工程报建、报监，建筑装饰工程仅属于建筑工程的一个分部工程，与其他分部工程（地基与基础、主体结构、建筑屋面、建筑给排水及采暖、建筑电气、智能建筑、通风与空调、电梯）组成单位工程验收；另一种是独立承包的、专业承包企业承建的大中型建筑装饰项目，或当建筑工程只有装饰分部工程时，可作为一个单位装饰工程报建、报监，仅与相关的、实施的分部工程一起组成单位工程验收。

建筑装饰工程，一般由以下单位（子单位）、分部、子分部、分项工程所组成。

（一）单位工程（子单位工程）

凡是具备独立施工条件并能形成独立使用功能的建筑物的室内、室外装饰工程，称为一个单位工程，如一幢办公楼的室内、室外装饰工程或建筑工程只有装饰装修分部工程时。

建筑规模较大的单位工程，可将其能形成独立使用功能的部分作为一个子单位工程，如一幢写字楼装饰工程的室外装饰或底层招商办公用房装饰等。

（二）分部工程

组成单位工程的若干个分部称为分部工程，分部工程的划分应按专业性质、建筑部位确定。例如：一个建材超市的装饰工程，一般由建筑装饰装修、建筑给排水及采暖、建筑电气、智能建筑、通风与空调等分部工程组成。

（三）子分部工程

组成分部工程的若干个子分部称为子分部工程，当分部工程较大或较复杂时，可按材料种类、施工特点、施工程序、专业系统及类别划分为若干子分部工程。例如：建筑装饰装修分部工程有地面、抹灰、门窗、吊顶、轻质隔墙、饰面板（砖）、幕墙、涂饰、裱糊与软包、细部等10个子分部工程。

（四）分项工程（也称施工过程）

组成子分部工程的若干个分项称为分项工程，它是组织施工的基本单元。分项工程应按主要工种、材料、施工工艺、设备类别等进行划分，例如：整体面层、板块面层、木竹面层的地面均可划分为基层、面层等2个分项工程；门窗可划分为木门窗制作与安装、金属门窗安装、塑料门窗安装、门窗玻璃安装等分项工程；涂饰可划分为水性涂料涂饰、溶剂型涂料涂饰、美术涂饰等分项工程。

二、建筑装饰工程的施工程序

建筑装饰工程的施工程序一般分为承接任务阶段、准备工作阶段、全面施工阶段、竣工验收与交付使用阶段。

（一）承接任务阶段

1.承接施工任务

建筑装饰施工企业承接任务的方式一般有两种：一种是通过招标、投标承接，另一种是建设单位委托承接。招标投标承接有利于市场的竞争与发展，有利于促进施工企业改善经营管理、提高企业素质。不论是哪种方式承接任务，施工企业都要核查其工程项目是否有批准的正式文件，是否列入年度计划，是否落实投资等等。

2.签订施工合同

承接施工任务后，建设单位与施工企业应根据《中华人民共和国合同法》和《建筑安装工程承包合同条例》的有关规定及要求签订建筑装饰工程施工合同。

建筑装饰工程施工合同一般由“合同条件”和“协议条款”两部分组成。“合同条件”是对建筑装饰工程承发包双方权利和义务所作出的约定（包括双方一般责任、施工组织设计和工期、质量与检验、合同价款及支付方式、材料供应、设计变更、竣工与结算、争议和违约等），除双方协商同意对其中的某些条款作出修改、补充或取消外，都必须严格履行。“协议条款”是按“合同条件”的顺序拟定的，是承发包双方针对工程的实际情况，对“合同条件”的修改、补充和对某些条款不予采用所达成的一致意见（包括双方工作、工期、质量、合同价款、材料供应、竣工、保修、争议、违约、索赔及保险等）。

（二）准备工作阶段

监理单位、施工单位应与建设单位密切配合，抓紧办理工程项目登记、报建、报监等手续，共同做好各项开工前的准备工作，为顺利开工创造条件。

1. 规划准备

建筑装饰工程开工前，建设单位应抓紧做好规划准备工作，如：办理有关报建的施工规划、施工许可、消防安全等手续；办理施工图审查，组织图纸会审和设计交底；清理障碍物，接通场外水源、电源、通讯、道路等管线，尽快提供具备开工条件的施工场地。

2. 施工准备

签订施工合同后，施工单位应组织先遣人员进入施工现场，全面了解工程性质、规模、特点及工期要求等，进行场址勘察、技术经济和社会调查，收集有关资料，并抓紧落实各项施工准备工作，如：参加图纸会审和设计交底，编制建筑装饰工程施工组织设计，落实劳动力、材料、施工机具及现场“三通一平”等。

施工单位具备开工条件后，应提出开工报告经审查批准，即可正式开工。

(三) 全面施工阶段

现场施工是施工程序中的主要阶段。

1. 精心组织施工

建筑装饰工程施工管理人员应从整个施工现场的全局出发，按照施工组织设计精心组织施工，加强各单位、各部门、各工种的配合与协作，协调解决各方面问题，使施工活动顺利开展。

2. 加强施工管理

在施工过程中，应加强技术、材料、质量、安全、进度等各项管理工作，落实施工单位内部承包的经济责任制，全面做好各项经济核算工作，严格执行各项技术、质量检查制度，抓紧工程收尾和竣工。

(四) 竣工验收与交付使用阶段

建筑装饰工程完工后，施工单位应组织有关人员进行质量检查评定，并向建设单位提交工程验收报告。建设单位收到工程验收报告后，应组织施工、设计、监理等单位的项目负责人进行工程验收。工程质量验收合格后，建设单位应在规定时间内将工程竣工验收报告和有关文件，报建设行政管理部门备案。

第三节　建筑装饰工程的施工准备工作

施工准备工作是为保证工程顺利地开展而必须事先做好的工作，它不但存在于开工之前，而且贯穿于整个建筑装饰工程施工过程中。

建筑装饰工程施工是一项十分复杂的生产活动，它不但工序多、工种多、材料品种复杂，而且质量严、工期紧、技术复杂、与其他专业工程交叉配合多。如果事先缺乏统筹安排和准备，势必会形成某些混乱，使施工无法正常进行。大量实践经验证明，凡是重视和做好施工准备工作，能事先细致周到地为现场施工创造一切必要的条件，则该工程的施工任务就能顺利完成。反之，如果违背施工程序，忽视施工准备工作，工程仓促开工，又不及时做好施工中的各项准备，则虽有加快工程施工进度的主观愿望，也往往造成事与愿违的客观结果。因此，严格遵守施工程序，按照客观规律组织施工，做好各项施工准备工作，是施工顺利进行和工程圆满完成的重要保证。

一、施工准备工作的要求

施工准备工作的内容一般可归纳为五个方面：调查研究和收集资料；技术资料的准备；施工现场的准备；施工队伍和物资的准备；冬、雨期施工的准备。

施工准备工作的具体要求是：

（一）施工准备工作不仅施工单位要做好，其他有关单位也要做

建设单位在确定了施工单位后，便可着手建筑装饰工程项目报监、委托工程建设监理、办理施工许可证、清除障碍物及接通场外道路、水、电等工作。设计单位应抓紧进行设计图纸交底及相应修改工作。

施工单位则应研究整个工程项目的施工方案和施工方法，做好调查研究、收集资料及施工图纸会审等工作，在此基础上编制建筑装饰工程施工组织设计，并按其要求做好施工准备工作。

（二）施工准备工作应分阶段、有组织、有计划、有步骤地进行

施工准备工作不仅要在开工前集中进行，而且要贯穿于整个工程项目施工中。随着工程项目施工的不断进展，在各子分部、分项工程施工开始之前，都要不断地做好施工准备工作，为各子分部、分项工程施工的顺利进行创造必要的条件。

为了保证施工准备工作的按时完成，应编制施工准备工作计划，明确其完成时间、内容要求及责任人员，并纳入施工组织设计中去，认真贯彻执行。

（三）施工准备工作应有严格的保证措施

为了确保施工准备工作的有效实施，应做到以下几点：

1. 建立施工准备工作责任制

按施工准备工作计划将责任明确落实到有关部门和人，同时明确各级技术负责人在施工准备工作中应负的责任。

2. 建立施工准备工作检查制度

施工准备工作不但要有计划、有分工，而且要有布置、有检查，以利于经常督促、发现薄弱环节，不断改进工作。

3. 坚持按施工程序办事，严格执行开工报告制度

建筑装饰施工单位在做好相应各项施工准备工作后，应向企业主管部门申报“工程开工报告”（见表 1-1），经审批后才能开工。对实施工程监理的装饰工程项目，还应向项目监理机构报送“工程开工报审表”（见表 1-2），经总监理工程师签认后才能开工。

工 程 开 工 报 告 **表 1-1**

施工单位____________________

工程名称		工程地点		工程造价	
建筑面积		层数		结构类型	
建设单位		设计单位		计划工期	
施工单位		申请开工日期		计划竣工	
装饰工程内容					
施工准备情况					
会签					

工程开工报审表 表 1-2

工程名称＿＿＿＿＿＿＿＿＿＿＿＿＿＿＿＿ 编号＿＿＿＿＿

<table>
<tr><td>致：＿＿＿＿＿＿＿＿＿＿＿＿（监理单位）
我方承担的＿＿＿＿＿＿＿＿＿＿工程，已完成了以下各项工作，具备了开工条件，特此申请施工，请核查并签发开工指令。
附：1. 开工报告
2. 证明文件

承包单位（章）＿＿＿＿＿＿
项目经理＿＿＿＿＿＿
日　　期＿＿＿＿＿＿</td></tr>
<tr><td>审查意见：

项目监理机构＿＿＿＿＿＿
总监理工程师＿＿＿＿＿＿
日　　期＿＿＿＿＿＿</td></tr>
</table>

4. 建筑装饰工程的开工条件

（1）建筑装饰设计方案经过论证、优选、审核、批准，并已落实定案；

（2）建筑装饰工程施工图审查及有关消防、环保、抗震等专项审查已通过，并取得设计审查批准书；

（3）设计技术交底已进行，施工组织设计已报审；

（4）施工合同已签订，施工许可证已获政府主管部门批准；

（5）施工单位现场管理人员已到位，施工机具、人员已进场，主要装饰材料已落实；

（6）进场道路及水、电、通讯等已满足开工要求。

二、调查研究和收集资料

由于建筑装饰工程施工在很大程度上要受到当地技术经济条件的影响和约束，故为了做好工程项目的施工组织与管理，就必须深入调查研究，了解实际情况，熟悉当地条件，收集原始资料和参考资料，掌握充分的信息，特别是定额、价格及与建设单位、监理单位、设计单位等有关的信息。

（一）技术经济资料调查

技术经济资料调查主要包括工程所在地区的能源、交通、装饰材料、半成品、成品及其价格等内容，可作为选择施工方法和核算成本的依据。

1. 能源、交通的调查

能源一般指水源、电源、气源等，可向当地自来水、电力、煤气、天然气、电信等管理部门及建设单位进行调查，主要用作选择施工用水、用电和用气的接通方式，提供技术经济分析比较的依据。

交通运输方式一般有铁路、公路、水路、航空等，可向当地铁路、交通运输、航运、民航管理局的业务部门及建设单位进行调查，主要用作选择运输方式，提供技术经济分析比较的依据。

2. 主要装饰材料、半成品、成品及其价格的调查

主要装饰材料、半成品、成品的情况，可向当地建材超市、供货单位、生产厂家进行调查，用来选择装饰材料、半成品、产品的加工、定货、供应和储存方式，确定材料堆场、临时仓库等设施的布置。

根据目前建筑市场的实际情况，装饰材料、半成品、成品的价格多种多样，不断变化，有市场价、信息价、出厂价、批发价、零售价等。因此，要经常注意价格信息，及时掌握价格的差别及变化，可向当地建材超市、供货单位、生产厂家等进行询价，作为确定工程成本、投标标价的依据。

（二）工程现场勘察

进行调查时，不能仅从已有的图纸、说明书等设计文件中了解工程的施工要求和现场情况，还必须进行工程实地调查，从中可了解到自然环境条件，如施工现场的地形、气象、周围环境等情况。

1. 地形情况的调查

地形简单的一般采用目测和步测，对地形复杂的则需利用测量仪器进行观测或向规划部门、建设单位进行调查，这些资料可作为设计施工平面图的依据。

2. 气象资料的调查

气象资料主要包括气温（如最冷、最热月平均温度，最高、最低极端温度，日平均气温低于5℃的天数）、雨水（如雨期起讫时间，月平均降雨量，日最大降雨量）和风雪（如全年主导风向频率，最大积雪深度，大于8级风的全年天数）等情况资料，可作为确定冬、雨期施工的依据。

3. 周围环境的调查

通过实地踏勘，了解施工现场的周围环境、能源供应、交通运输、通讯条件等情况，可作为布置施工现场的依据。

（三）社会资料的调查

通过社会情况的调查，应对当地的政治、经济、文化、科技、风土、民俗等情况有所了解，并重点了解：地方装饰材料的资源及其供应情况，附近有无可协作的专业承包企业，有否满足需要的劳务分包队伍，当地劳务市场及生活保障条件等。这些资料可作为安排劳动力、确定施工队伍、布置临时设施的依据。

（四）参考资料的收集

在进行装饰工程的施工组织与管理、编制施工组织设计时，为了弥补原始资料的不足，有时可借助一些相关的、实用的参考资料作为依据。这些参考资料可利用现有建筑装饰工程的预算定额、施工手册、施工组织设计实例，或通过积累装饰工程实践经验来获

得。

以下为全国部分地区气象、雨期、冬期的参考资料（见表 1-3、表 1-4、表 1-5）及常用装修机械产量参考指标（见表 1-6）。

全国部分地区气象参考资料　　表 1-3

城市名称	温度（℃）				最大风速(m/s)	日最大降雨量(mm)	最大冻土深度(cm)	最大积雪深度(cm)
	月平均		极端					
	最冷	最热	最高	最低				
北京	-3.4	25.1	40.6	-27.4	21.5	212.2	69	18
上海	4.4	26.3	38.2	-9.1	20.0	204.4	8	14
哈尔滨	-17.4	21.2	35.4	-38.1	20.0	94.8	194	13
长春	-14.4	21.5	36.4	-36.5	34.2	126.8	169	40
沈阳	-10.03	23.3	35.7	-30.5	25.2	118.9	139	20
大连	-3.5	22.1	34.4	-21.1	34.0	149.4	93	37
石家庄	-1.4	25.9	42.7	-19.8	20.0	200.2	52	15
太原	-4.9	22.3	38.4	-24.6	25.0	183.5	74	13
郑州	1.1	26.8	43.0	-15.8		112.8	18	
汉口	4.3	27.6	38.7	-17.3	20.0	261.7		12
青岛	-1.03	23.7	36.9	-17.2	18.0	234.1	42	13
徐州	1.1	26.4	39.5	-22.6	16.0	127.9	24	25
南京	3.3	26.9	40.5	-13.0	19.8	160.6		14
广州	14.3	27.09	37.6	0.1	22.0	253.6		
南昌	6.2	28.2	40.6	-7.6	19.0	188.1		16
南宁	13.7	27.9	39.0	-1.0	16.0	127.5		
长沙	6.2	28.0	39.8	-9.5	20.0	192.5	4	10
重庆	8.7	27.4	40.4	-0.9	22.9	109.3		
贵阳	6.03	22.9	35.4	-7.8	16.0	113.5		8
昆明	8.3	19.4	31.2	-5.1	18.0	87.8		6
西安	0.5	25.9	41.7	-18.7	19.1	69.8	24	12
兰州	-5.2	21.03	36.7	-21.7	10.0	50.0	103	10

全国部分地区全年雨期参考资料　　表 1-4

地区	雨期起讫日期	月数
长沙、株洲、湘潭	2月1日～8月31日	7
南昌	2月1日～7月31日	6
汉口	4月1日～8月15日	4.5
上海、成都、昆明	5月1日～9月30日	5
重庆、宜宾	5月1日～10月31日	6
长春、哈尔滨、佳木斯、牡丹江、开远	6月1日～8月31日	3
大同、侯马	7月1日～7月31日	1
包头、新乡	8月1日～8月31日	1
沈阳、葫芦岛、北京、天津、大连、长治	7月1日～8月31日	2
齐齐哈尔、富拉尔基、宝鸡、绵阳、德阳、温江、太原、西安、洛阳、郑州	7月1日～9月15日	2.5

全年冬期天数参考资料 **表 1-5**

分区	平均温度	冬期起讫日期	天 数
第一区	-1℃以内	12月1日~2月16日、12月28日~3月1日	74~80
第二区	-4℃以内	11月10日~2月28日、11月25日~3月21日	96~127
第三区	-7℃以内	11月1日~3月20日、11月10日~3月21日	131~151
第四区	-10℃以内	10月20日~3月25日、11月1日~4月5日	141~168
第五区	-14℃以内	10月15日~4月5日、10月15日~4月15日	173~183

常用装修机械产量参考指标 **表 1-6**

序号	机械名称	型号	主要用途	理论生产率	
				单 位	数 量
1	喷灰机		墙面、顶棚喷灰浆	m^2/台班	400~600
2	混凝土抹灰机	HM-69	大面积抹灰	m^2/台班	320~450
3	混凝土抹光机	69-1	大面积抹灰	m^2/台班	100~300
4	水磨石机	MS-1	磨石子地面	m^2/h	3.5~4.5
5	灰浆泵（直接作用式）	HB-3	抹灰送料	m^3/h	3
6	灰浆泵	HP-013	抹灰送料	m^3/h	3
7	隔膜式灰浆泵	HB_8-3	抹灰送料	m^3/h	3
8	灰气联合泵	HK3.5-74	抹灰送料	m^3/h	3.5
9	木地板刨光机	1.4kW	刨木地板	m^2/h	17~20
10	木地板刨光机	2.2kW	刨木地板	m^2/h	12~15
11	木地板磨光机	1.5kW	磨木地板	m^2/h	20~30
12	电动空压机	0.6m^3/min	向气动机具供气	台班/年	150
13	电动空压机	3m^3/min	向气动机具供气	台班/年	150

三、技术资料的准备

技术资料的准备即通常所说的室内准备（内业准备），其内容一般包括：熟悉设计文件、参加设计技术交底会，编制建筑装饰工程施工组织设计，编制施工预算。

（一）熟悉设计文件，参加设计技术交底会

建筑装饰设计文件是施工的依据，按图施工是施工组织与管理人员的职责。

施工单位在接受施工任务后，首先应熟悉图纸，了解设计意图、工程特点，明确工程关键部位的施工方法、质量要求，及时发现图纸中存在的按图施工困难、影响工程质量以及图纸错误等问题。在熟悉图纸的过程中，对发现的问题要做好标记和记录，以便在设计技术交底会上提出。

设计技术交底会由建设单位组织，监理、设计、施工单位参加。设计交底时，一般先由设计单位介绍设计意图、进行图纸交底，然后各方（主要是施工单位）提出问题。设计交底会应了解、明确的基本内容如下：

1. 设计主导思想、建筑艺术构思和要求、采用的设计规范、确定的抗震和防火等级、室内外装饰及与之配套的水卫、暖通、空调、电气、消防工程的要求等；

2. 对主要建筑装饰材料、器具和设备的要求，所采用的新技术、新工艺、新材料、新设备的要求以及施工中应特别注意的事项等；

3. 图纸中存在不合理的地方、按图施工困难、影响工程质量以及施工单位就目前条件还做不到的某些要求等问题，经提出进行商讨后形成的一致意见；

4. 设计单位针对建设单位、施工单位和监理单位所提有关施工图的意见和建议的答复以及确认的设计变更等。

设计交底会应做好原始记录，形成会议纪要，由建设单位、设计单位、施工单位和监理单位会签。在以后的施工过程中，如有某些情况与原设计不符时，必须征得设计单位的同意，方能更改设计。

（二）编制建筑装饰工程施工组织设计

建筑装饰工程施工组织设计是规划和指导整个装饰工程施工全过程的一个综合性技术经济文件，编制建筑装饰工程施工组织设计本身就是一项重要的施工准备工作。

（三）编制施工预算

施工预算是施工单位以每一个分部工程为对象，根据施工图和施工定额等资料编制的经济计划文件，主要作为控制工料消耗和施工中成本支出的依据。根据施工预算中分部分项工程量及定额工料用量，对班组下达任务，以便实行限额领料及班组核算。在编制施工预算时，要结合拟采用的技术组织措施，以便在施工中对用工、用料实行切实有效的控制，从而能够实现工程成本的降低与施工管理水平的提高。

四、施工现场的准备

施工现场的准备即通常所说的室外准备（外业准备），它一般包括拆除障碍物、“三通一平”、测量放线、搭设临时设施、施工条件准备等内容。

（一）拆除障碍物

这一工作通常由建设单位完成，但有时也委托施工单位完成。拆除时，一定要摸清情况，尤其是原有障碍物复杂、资料不全时，应采取相应的措施，防止发生事故。

（二）“三通一平”工作

在工程施工范围内，平整施工场地和接通施工用水、用电管线及道路的工作，称为“三通一平”。这项工作，应根据施工组织设计中的“三通一平”规划来进行。

（三）测量放线

施工现场应进行测量，做好定位放线、设置坐标和标高控制点等工作。这一工作是确保建筑装饰工程的平面和空间尺寸符合设计要求的关键环节，施测中必须保证精度、杜绝错误，否则后果不堪设想。

（四）临时设施的搭设

现场所需临时设施，应报请规划、市政、消防、交通、环保等有关部门审查批准。

为了施工方便和行人的安全，应用围墙将施工用地围护起来。围墙的形式和材料应符合市容管理的有关规定和要求，并在主要出入口设置标牌，标明工地名称、施工单位、工地负责人等。

所有宿舍、办公用房、仓库、作业棚等，均应按批准的图纸搭建，不得乱搭乱建，并尽可能利用永久性工程。

（五）施工条件准备

建筑装饰工程施工条件的准备主要包括以下内容：

1. 建筑物的主体结构工程已经完成

包括屋面工程封顶后不渗漏，并且经过严格检查、验收合格，确保在装饰施工时不会受到雨水的影响。

2. 建筑物的围护墙、室内隔墙已经砌筑完毕

包括主体结构施工时各预留孔、洞也已经处理完毕，并经检查、验收合格。

3. 门窗框洞口尺寸已检验完毕

装饰施工前，特别是门窗安装前，应对门窗洞口尺寸进行检验。洞口偏差或已装木门窗框的偏差，经校正后均应在规定的安装允许偏差以内。

4. 所有的管道接口、暗线接头都已预埋好

建筑给排水与采暖、通风与空调、建筑电气、智能建筑和电梯工程等管线、暗线系统已经安装完毕，所有的管道接口、暗线接头都已预埋好，隐蔽设备管道的压力试验已验收完毕并且合格，杜绝任何质量隐患。

五、施工队伍和物资的准备

施工队伍及物资应根据施工进度计划的要求，陆续安排进入施工现场。

（一）施工队伍的准备

在组织施工队伍时，要遵循管理人员、劳动力相对稳定的原则，还要根据装饰工程的性质、规模、技术难度、质量要求、组织与管理模式，做好施工队伍的准备，以保证工程所需的人力资源。施工队伍的准备包括建立项目管理机构，确定专业承包和劳务分包，组织劳动力进场及进行动员和交底等。

1. 建立项目管理机构

建筑装饰工程项目管理机构应与企业机构模式保持一体化，并根据工程的进展、变化等随时进行适当的调整。

现场施工管理人员均应持证上岗。管理人员的管理跨度（指主管人员直接管理的下属人员数量）应尽量少些，以集中精力于施工管理。人员配备应力求一专多能、一人多职，做到精干高效。对一般的装饰工程，设项目经理、施工员、质量员、材料员等即可。对大型的装饰工程，则需配备一套完整的项目管理班子，包括施工、技术、质量、材料、预算、资料和安全等人员。

2. 确定专业承包和劳务分包

由于装饰工程涉及的内容广泛及装饰工程专业承包企业的经营范围所限，有些专业工程，如建筑幕墙、钢结构、金属门窗、建筑防水、建筑智能化、环保、电信等可进行专业承包。

装饰工程的主要工种有木工、抹灰工、油漆工等。当本单位劳务紧张、工种缺乏、工艺和操作要求限制时，木工、抹灰、油漆、砌筑、石工、钢筋、混凝土、脚手架、模板、焊接、水暖电等工种作业可进行劳务分包。

3. 组织劳动力进场

应按照工程施工进度计划和劳动力安排计划，分期、分批组织相应工种、劳动力进场。同时，要对工人进行安全、质量等上岗教育。

4. 进行动员和交底

装饰工程开工前，应向参与施工的管理人员和工人进行动员，宣传工程项目的重要性，明确进度、质量、成本控制目标以及经济奖罚措施，充分调动施工人员的积极性。

装饰工程施工前，应由项目管理机构的技术负责人向进入现场的施工人员进行技术交底，讲解工程的设计意图、计划安排和技术要求，明确工艺标准、操作规程、工作质量等

要求，建立健全工作岗位责任制。交底可采用口头的、书面的、实物的（如样品、色板、样板间等）多种形式。

（二）施工物资的准备

装饰材料、施工机具是保证工程按时完成的物质基础。所有各种装饰材料按设计图纸要求已经落实了品种、规格、生产厂家、供货日期，并且已部分到场入库，不会影响施工工期，不会出现停工待料的现象。建筑装饰工程施工组织设计指定的施工机具已运抵现场，经过安装、试运转正常，可以保证随时投入施工。

六、冬、雨期施工的准备

（一）冬期施工的准备工作

冬期施工期限划分原则是：根据当地多年气象资料统计，当室外日平均气温连续5d稳定低于5℃即进入冬期施工；当室外日平均气温连续5d稳定高于5℃时解除冬期施工。建筑装饰工程的冬期施工应做好如下准备工作：

1.合理安排进行冬期施工的工程项目

冬期施工条件差、技术要求高，还要增加施工费用。为了保证施工质量、节省施工费用，应尽量安排室内装饰而不宜安排室外装饰的项目在冬期施工；室外饰面板（砖）工程，不宜在严寒季节施工，需要安排施工时宜采用暖棚法施工；涂饰、裱糊、玻璃工程应在采暖条件下进行施工，当需要在室外施工时，其最低环境温度不应低于5℃，遇有大风、雨、雪时应停止施工；外墙铝合金、塑料框、大扇玻璃不宜在冬期安装。为了节省运输费用，在冬期到来之前，还应准备好足够的材料、器具等物资。

2.做好各种热源的落实工作

冬期室内装饰施工可采用建筑物原有热源、临时性管道或火炉、电气取暖。室内饰面板（砖）工程可采用热空气或带烟囱的火炉取暖，并应设有通风、排湿装置。

3.做好温度的测定工作

冬期施工昼夜温差较大，为保证施工质量，应做好测温控制工作，如：室内抹灰的养护温度不应低于5℃，砂浆的环境温度不应低于5℃；室内裱糊的施工地点温度不应低于5℃；暖棚法施工的棚内温度不应低于5℃；室外涂饰的涂料使用温度宜保持15℃左右。

4.做好冬期施工的保温工作

在安排进行室内抹灰前，宜先做好屋面防水层及室内的封闭保温（如：门口和窗口、门窗口边缘及外墙脚手眼或孔洞等应封好、堵好，施工洞口、运料口及楼梯间等处也应封闭保温）。当施工要求分层抹灰时，底层砂浆不得受冻，抹灰砂浆在硬化初期应采取防止受冻的保温措施。室外装饰工程施工前，宜随外脚手搭设在西、北面加设挡风措施。

5.做好已完项目的保护及养护工作

室内装饰应一层一室一次完成，室外装饰则力求一次完成。室内抹灰工程结束后，应在7d内保持室内温度不低于5℃。采用灌浆法施工的饰面板就位固定后，用1∶2.5水泥砂浆灌浆，保温养护时间不少于7d。

6.加强消防、安全施工教育

要有冬期施工的消防、安全施工的措施，严防火灾发生，避免安全事故。如采用火炉取暖时，应采取预防煤气中毒的措施，防止烟气污染，并应在火炉上方吊挂铁板，使煤火热度分散。

（二）雨期施工的准备工作

1. 做好现场的排水工作

应根据现场的具体情况，保证排水、雨水管道及现场排水沟的畅通，准备好抽水设备，防止因管道堵塞，现场积水而无法正常施工。

2. 做好雨期施工的合理安排

为了避免雨期产生窝工，在雨期到来之前，应安排并抓紧完成室外装饰的项目，剩余的室内装饰项目可安排在雨期进行。

3. 做好施工物资的储存

在雨期到来之前，应多储存一些材料、器具等物资，以减少雨天的运输量，节约施工费用。

4. 做好施工机具的保护

对现场使用的各种施工机具、手持电动工具，应加强检查，并采取有效措施防雷击、防漏电。

5. 加强安全施工管理

要认真编制雨期施工的安全施工措施，对现场施工人员加强安全教育，防止坠落、触电等伤亡事故的发生。

第四节　建筑装饰工程施工组织设计的作用、分类和内容

对一个新建的建筑工程来说，建筑装饰工程仅属于整个工程的一个分部。但在大型建筑装饰工程中，除以建筑装饰分部为主外，还有家具、陈设、厨餐用具以及与之配套的给排水与采暖、建筑电气、通风与空调、电梯等分部工程。而在现代建筑装饰工程中，则包括智能建筑工程，如通讯网络、办公自动化、建筑设备监控、安全防范、火灾报警及消防联动等弱电系统。因此，建筑装饰施工组织设计有不同的分类、内容和作用。

一、建筑装饰工程施工组织设计的作用

建筑装饰工程施工组织设计是规划和指导整个建筑装饰工程从施工准备到全面施工以及竣工验收全过程的一个综合性技术经济文件，是沟通工程设计和装饰施工之间的桥梁。它既要充分体现建筑装饰工程的设计和使用功能要求，又要符合建筑装饰工程施工的客观规律，对施工的全过程起到战略部署或战术安排的作用。

建筑装饰工程施工组织设计既是施工准备工作的重要组成部分，又是做好施工准备工作的主要依据和重要保证。

建筑装饰工程施工组织设计是对施工过程实行科学管理的重要手段，是编制施工预算和施工计划的主要依据，是建筑装饰施工企业合理组织施工和加强项目管理的重要措施。

建筑装饰工程施工组织设计是检查工程施工进度、质量、投资（成本）三大目标的依据，是建设单位与施工单位之间履行合同、处理关系的主要依据。

因此，编好建筑装饰工程施工组织设计，对于按科学规律组织施工，建立正常的施工程序，有计划地开展各项施工过程；对于及时做好各项施工准备工作，保证劳动力和各种资源的供应和使用；对于协调各工序之间、各工种之间、各种资源之间以及空间布置与时

间安排之间的相互关系；对于保证施工顺利进行，按期按质按量完成施工任务，取得更好的施工经济效益等等，都将起到重要的、积极的作用。

二、建筑装饰工程施工组织设计的分类和内容

建筑装饰工程施工组织设计根据编制对象及其工程规模大小、技术复杂程度和现场施工条件的不同，大致可分为三类：装饰工程施工组织总设计、单位装饰工程施工组织设计和装饰工程施工方案或作业设计。例如，在对原有建筑物进行装饰改造时，建筑装饰公司就可能以总包形式独立承担装饰改造的全部施工任务，此时就有装饰工程施工组织总设计、单位装饰工程施工组织设计、装饰工程施工方案或作业设计等。

（一）装饰工程施工组织总设计

装饰工程施工组织总设计是以建筑群体工程（如一家宾馆、一栋写字楼、一个高级公寓建筑小区）或一条商业街道为编制对象，规划其施工全过程的全局性、控制性技术经济文件。它是整个装饰工程项目总的战略部署，一般是在有了扩大初步设计或方案设计后，以总承包单位为主、分包等有关单位参加共同编制。它是修建工地大型临时设施工程和编制年（季）度施工计划、单位装饰工程施工组织设计的依据。

建筑装饰工程施工组织总设计涉及范围较广，内容比较概括，主要包括：工程概况、施工部署与施工方案、施工总进度计划、施工准备工作计划、各项资源需用量计划（劳动力、装饰施工机具、主要装饰材料、大型临时设施等）、施工总平面图、技术经济指标等。

（二）单位装饰工程施工组织设计

单位装饰工程施工组织设计是以单位装饰工程（如一座公共建筑、一栋高级公寓）或一个合同内所含全部装饰项目为编制对象，指导其施工全过程的局部性、指导性技术经济文件。它是装饰工程项目的战术安排，一般是在图纸会审、设计交底后，由组织施工的基层单位编制。它是组织、指导装饰工程的施工，编制月、旬施工作业计划和装饰工程施工方案或作业设计的依据。建筑群体中的单位装饰工程或一栋大楼装饰工程中的各分包商，必须根据施工组织总设计的要求，与总包单位共同研究编制单位装饰工程施工组织设计。

单位装饰工程施工组织设计的编制内容，应视工程规模大小、技术复杂程度和现场工作条件而定，主要包括：工程概况、施工方案与施工方法、施工进度计划、施工准备工作及各项资源需用量计划（劳动力、施工机具、主要材料等）、施工平面图及主要技术组织措施等。

单位装饰工程施工组织设计的编写内容要具体、详细、全面，不仅装饰工程的内容均需编写，而且还要包括建筑结构（改造工程）及给排水与采暖、建筑电气、通风与空调等安装的全部内容。如装饰施工单位仅承包装饰项目，或没有给排水与采暖、建筑电气、通风与空调等专业施工能力而必须与总包单位协作，可根据具体的工程情况与总包单位商定分工，合作完成单位装饰工程施工组织设计的编制工作。如果建筑装饰公司仅参与装饰部分的施工，作为分包商编制的装饰工程施工组织设计中只需考虑所施工部分及与之相关的给排水与采暖、建筑电气、通风与空调等专业的施工配合。

（三）装饰工程施工方案或作业设计

装饰工程施工方案或作业设计是以技术较复杂、施工难度大的主要子分部、分项工程为编制对象，用于指导其施工的实施性技术经济文件。对于新建的工程规模大、技术较复杂、施工难度大的宾馆、饭店、剧院、写字楼等装饰工程，总包单位在编制单位装饰工程施工组织设计后，就常常需编制某些主要子分部、分项工程的施工方案或作业设计。

装饰工程施工方案或作业设计的内容，一般可根据工程的复杂程度，将单位装饰工程施工组织设计的内容合并或简单编写，主要包括：工程概况、施工方案、施工进度表、施工平面图和技术组织措施等。

第五节　建筑装饰工程施工组织与管理的基本原则

在进行建筑装饰工程的施工组织与管理时，特别是在编制建筑装饰工程施工组织设计时，应根据建筑装饰施工的特点和以往积累的经验，遵循以下几项原则：

一、认真贯彻党和国家的各项方针、政策及有关法律、法规

我国现行的工程建设法律、法规有：《中华人民共和国建筑法》、《中华人民共和国合同法》、《中华人民共和国招标投标法》、《建设工程质量管理条例》（国务院令第 279 号）、《建筑装饰装修管理规定》（建设部令第 46 号）、《房屋建筑工程和市政基础设施工程竣工验收备案管理暂行办法》（建设部令第 78 号）、《房屋建筑工程质量保修办法》（建设部令第 80 号）、《实施工程建设强制性标准监督规定》（建设部令第 81 号）、《建筑业企业资质管理规定》（建设部令第 87 号）等。

在进行装饰工程施工组织与管理时，特别是在编制建筑装饰工程施工组织设计时，应认真贯彻党和国家的各项方针、政策及有关法律、法规，严格审批制度，严格按基本建设程序办事（如施工图设计文件审查、施工许可及竣工验收备案等），严格执行建筑装饰工程施工程序，严格执行工程建设强制性标准。

二、严格遵守建筑装饰工程施工合同

对装饰工程规模大、施工工期长的项目，如大型宾馆、饭店的装饰或改造工程，应根据建设单位的使用要求和合同规定，合理安排分期分段进行装饰施工，以期早日发挥投资的经济效益，并减少可能因装饰或改造对建设单位经营活动的影响。在确定分期分段施工时，应注意每期交工的项目可以独立地发挥效用，即主要项目同有关的辅助项目应同时完成，可以交付使用。

三、合理安排建筑装饰工程施工程序和顺序

由于建筑装饰产品具有固定性特点，因而使装饰施工始终在同一场地上进行。没有前一阶段的工作，后一阶段就很难进行，即使它们之间交叉搭接地进行，也必须严格遵守一定的程序和顺序。建筑装饰工程的施工程序和顺序反映了装饰施工的客观规律要求，交叉搭接则体现争取时间的主观努力。因此在施工组织与管理时，必须合理地安排装饰工程的施工程序和顺序，避免不必要的重复、返工，加快施工速度，缩短工期。

四、尽量采用国内外先进施工技术，科学合理地确定施工方案

在建筑装饰工程施工中，采用先进的施工技术是提高劳动生产率、改善工程质量、加快施工进度、降低工程成本的重要途径。在选择施工方案时，要积极采用新材料、新设备、新工艺、新技术，在采用“四新”的同时应注意结合本工程的特点和现场实际情况，满足建筑装饰设计效果，符合施工质量验收规范、工艺标准、操作规程的规定，遵守有关消防、环保及安全文明施工的要求，使技术的先进性与可行性、适用性、经济性结合在一起。

五、采用流水施工方法和网络计划技术安排进度计划

在编制施工进度计划时，应从工程实际出发，采取流水施工方法组织均衡施工，采用网络计划技术合理安排工序搭接，留有必要的技术间隙，以保证施工连续地、均衡地、有节奏地进行，合理地使用人力、物力、财力，减少各项资源的浪费，做好人力、物力的综合平衡，以达到耗工少、工期短、质量高、成本低、业主满意的理想效果。

对于那些进入冬期或雨期施工，且受季节影响较大的装饰施工项目，应编制和落实季节性施工措施，以增加全年的施工天数，提高施工的连续性和均衡性。

六、合理安排布置施工场地

尽量利用原有或就近已有的设施，以减少各种临时设施；合理安排现场加工场地，特别是不停业的宾馆、饭店、客房等旧楼装饰或改造工程的木料加工场的位置选择，应尽量减少噪声及尘土对正在营业层的影响；电焊加工现场及易燃、易爆品仓库应注意消防要求；合理安排装饰材料、器具的堆放场地，装饰材料、器具大部分为贵重物品，应严防丢失、碰撞损坏，并重点考虑防火要求。

七、发挥社会化大生产的作用，提高建筑装饰工程工业化程度

建筑装饰工程中，部分材料、项目可选择工厂化生产或集中加工成半成品后运往现场，如木线制作可利用专业厂家加工，木门窗、木柜、壁柜、窗帘盒、窗台板及部分隔断板可采取专业厂家根据设计图制成半成品，或现场安装与集中加工相结合，以提高装配工业化程度。

八、充分利用装饰施工机具，扩大机械化施工范围

采用先进的装饰施工机具，逐步实现装饰工程机械化施工，是加快施工速度、提高施工质量的重要途径。常用的装饰施工机具有：用于混凝土开洞、整修的电锤、冲击电钻、风镐、钻孔机、磨光机等；用于金属型材加工安装的切割机、电剪刀、角向钻磨机、手电钻、角向磨光机、射钉枪等；用于木制品安装和修饰的电锯、电刨、打钉机、打砂纸机、磨腻子机、地板刨平机和磨光机、打蜡机等；用于饰面块材裁切、磨平的石材切割机、水磨石机（均有手提式的）等；用于涂饰的涂料搅拌器、喷涂机（有高压无气的、罐式的、吸声天花板的）、喷漆枪等；用于抹灰的淋灰机、纸筋灰拌合机、砂浆搅拌机、灰浆泵等；用于高空作业的组合式脚手架、液压平台和电动吊篮等。

在选择装饰施工机具时，除应根据机具的技术性能、适用范围正确选用外（如电锤主要用于混凝土等结构表面剔、凿和打孔，作冲击钻使用则可用于门窗、吊顶和设备的安装钻孔；冲击电钻利用其冲击功能可以对混凝土、砖墙等进行钻孔，若利用其纯旋转功能可以当作手电钻使用；手电钻可以对金属、塑料、木材等进行钻孔），还应注意并按照机具的操作使用要求正确使用（如手提式石材切割机的切割刀片有干作业用的和湿作业用的，选用湿型刀片时，在切割工作开始前，要先接通水管，给水到刀口后才能按下开关，并匀速推进切割）。

九、注意降低工程成本，提高经济效益

装饰的目的是达到舒适美观的效果，要求选材讲究、做工精细。材料费约占工程总造价的60%～70%，在施工中应注意合理选材、合理用材，防止浪费。胶合板一般规格尺寸为1220mm×2440mm，如果墙裙设计高度为1200mm左右，其材料的利用率就很高；如设计成1500mm左右高，则材料利用率低，浪费大。

十、坚持质量第一，重视施工安全

要贯彻“百年大计、质量第一”和“预防为主”的方针，应充分考虑国家现行的有关施工质量验收规范、工艺标准、操作规程的规定，从人、机具、材料、方法、环境等方面，制定现场项目管理机构的质量管理体系和质量保证体系，预防和控制影响工程质量的各种因素，确保装饰工程施工质量达到预定目标。

装饰工程施工的安全用电、防火等应作为重点，应注重施工的安全措施，建立健全各项安全管理制度。

思考题与习题

1-1 何谓建筑装饰工程？

1-2 试述建筑装饰工程的分类和特点。

1-3 试述建筑装饰施工组织与管理课程的研究对象和任务。

1-4 一个建筑装饰工程一般由哪些工程内容组成？

1-5 建筑装饰工程施工程序包括哪几个阶段？

1-6 试述建筑装饰工程施工准备工作的意义。

1-7 施工准备工作有哪些主要内容？其要求有哪些？

1-8 技术资料准备工作包括哪些内容？

1-9 图纸会审包括哪些内容？

1-10 施工现场准备工作有哪些内容？

1-11 冬雨期施工准备工作应如何进行？

1-12 试述建筑装饰工程施工组织设计的重要作用。

1-13 施工组织设计可分为哪三类？它们分别有哪些主要内容？

1-14 建筑装饰工程施工组织与管理应遵循哪些原则？

第二章　建筑装饰工程流水施工

建筑装饰工程具有工期紧、工序多、材料品种复杂、与其他专业交叉多、施工组织难度大等特点，如何合理地应用流水施工这一卓有成效的组织施工方法就显得尤为重要。本章主要叙述建筑装饰工程流水施工的基本概念和基本方法，使学生了解流水施工的基本概念，理解等节奏流水、异节奏流水、无节奏流水的基本原理。

第一节　流水施工的基本概念

在建筑装饰工程施工中，各施工过程（分项工程、工序）的施工组织方式，除了应用流水的组织方式外，还有其他的组织方式。现通过多种方式的比较，进一步说明流水施工的基本概念及其科学性。

一、组织施工的三种方式

建筑装饰工程常用的施工组织方式有：依次施工、平行施工和流水施工三种基本方式。现举例进行分析和对比。

【例 2-1】　某三层办公楼的轻质隔墙装饰施工，共有弹线定位、墙体轻钢龙骨安装、纸面石膏板安装、墙面批嵌与涂料等四个施工过程。每层划分三个施工段，组织四个施工班组，分别完成上述四个施工过程的作业任务。每个班组在一个施工段上完成工作任务的持续时间分别为 1d、3d、2d 和 2d。组织施工时一般可采用依次施工、平行施工和流水施工三种方式，现就这三种方式的施工特点和效果分析如下。

（一）依次施工

依次施工也称顺序施工，是按施工过程或施工段的先后顺序依次进行施工，直至完成全部施工任务的施工方式。在实际建筑装饰施工中，通常安排以施工过程的工艺顺序进行依次施工，直至完成最后一个施工过程的组织方式。

按照依次施工方式组织上述工程的施工，其施工进度安排如图 2-1 所示。图中进度表下的曲线是劳动力需要量动态曲线，其纵坐标为每天施工人数，横坐标为施工进度（d）。

由图 2-1 看出，依次施工组织方式的最大优点是，每天投入施工的劳动力、材料和机具的种类较少，有利于资源供应的组织工作，施工现场的组织、管理比较简单。其主要缺点是，当工程能够提供较大的施工作业面的情况时，也不能充分利用。工作面的闲置，实际上增加了相邻施工过程施工的间隔时间，造成工期延长。

（二）平行施工

在工期紧迫、工作面和资源供应有保障的前提下，将同类的工程任务，组织多个施工班组，在同一时间、不同的工作面上，完成同样施工任务的施工组织方式，称为平行施工。

将上述工程组织平行施工，其施工进度安排如图 2-2 所示。

层次	施工过程	劳动量（工日）	施工天数（d）	施工进度（d）											
				2	4	6	8	10	12	14	16	18	20	22	24
一层	弹线定位	6	3												
	轻钢龙骨安装	36	9												
	石膏板安装	24	6												
	批嵌与涂料	36	6												

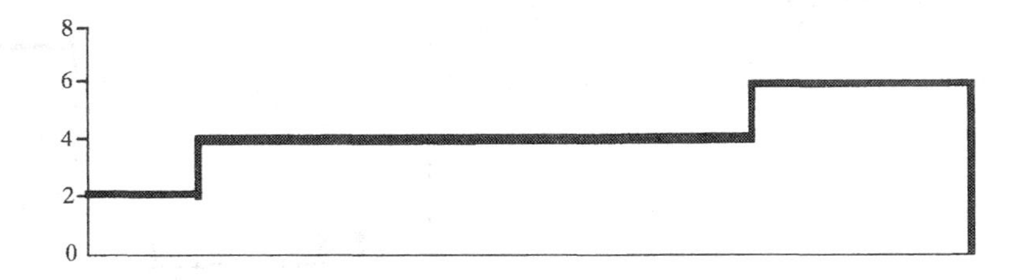

图 2-1 按施工过程依次施工

由图 2-2 看出，平行施工的优点是能充分利用工作面，完成工程任务的时间最短，即施工工期最短。但平行施工的缺点也很明显，由于施工班组数成倍增加，每天投入的劳动力、机具和材料数量相应增加，不利于资源供应的组织工作，施工现场的组织、管理比较复杂。

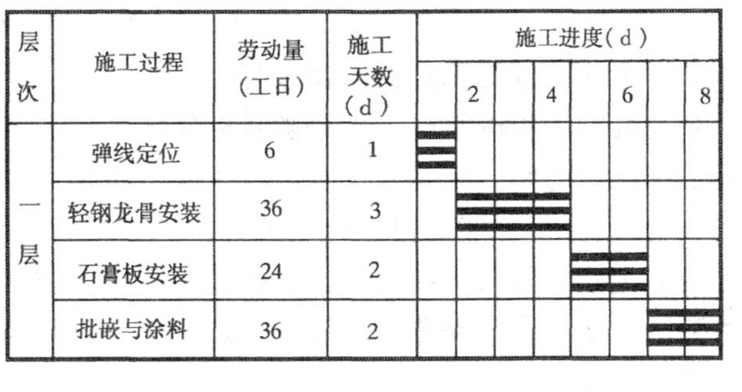

层次	施工过程	劳动量（工日）	施工天数（d）	施工进度（d）			
				2	4	6	8
一层	弹线定位	6	1				
	轻钢龙骨安装	36	3				
	石膏板安装	24	2				
	批嵌与涂料	36	2				

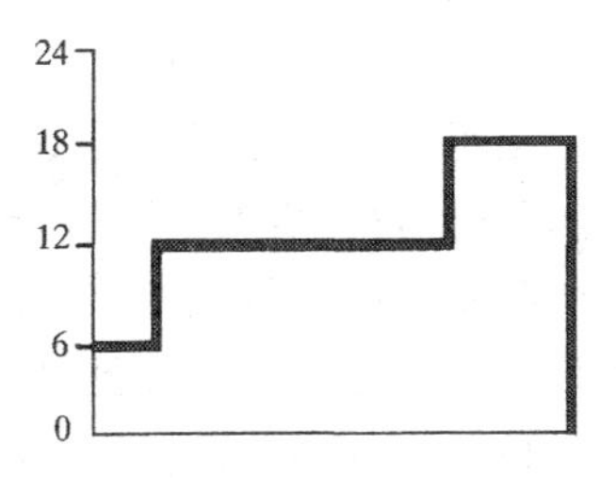

图 2-2 平行施工（每施工过程有三个施工班组）

（三）流水施工

将工程对象在平面上划分成若干个相对独立的装饰施工段，并按照施工过程成立相应的施工班组，以一定的装饰施工顺序、一定的时间间隔，分段作业、搭接施工的组织方式称为流水施工。图 2-3 所示为上述工程采用流水施工时的进度安排。

由图 2-3 看出，组织流水施工时，不同专业施工班组之间的关系，关键是工作时间上有搭接，搭接工作的目的是节省时间，也往往是连续作业或工艺上所要求的。其特点是：比较充分地利用了工作面进行施工，工期较短；每天投入施工的资源量较为均衡，有利于资源供应的组织工作；各专业施工班组能够连续地、均衡地施工，前后施工过程尽可能平行搭接施工。

应注意的是，相邻专业施工班组开工时间上的搭接要适当，并在工艺技术上可行。必要时，在保证主要施工过程连续施工的前提下，可安排非主要施工过程进行间断施工，使工作面的利用更充分，满足进一步缩短工期的目的。

层次	施工过程	劳动量（工日）	施工天数（d）	施工进度（d）														
					2		4		6		8		10		12		14	
一层	弹线定位	6	3															
	轻钢龙骨安装	36	9															
	石膏板安装	24	6															
	批嵌与涂料	36	6															

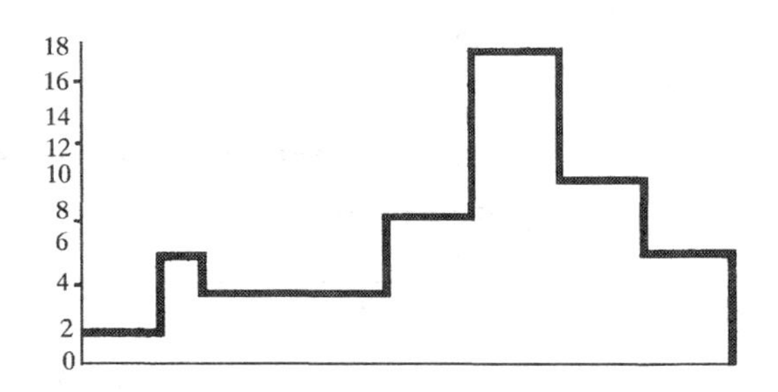

图 2-3　流水施工（全部连续）

二、组织流水施工的要点及条件

建筑装饰工程流水施工，是随着时间的推移和空间上的扩大而发展，它受着工艺复杂程度的影响，时间、空间又都有依存关系。组织流水施工时，尚应具备如下条件：

（一）划分子分部工程与分项工程

首先把建筑装饰分部工程，根据工程特点及施工要求，划分为若干个子分部工程；其次按照工艺要求、工程量大小和施工班组情况，将各子分部工程分解为若干个装饰施工过程（分项工程）或工序。

（二）划分施工段

把每个装饰施工过程尽可能地划分为劳动量大致相等的施工区段（即施工段）。

（三）每个装饰施工过程分别由固定的专业施工班组负责完成

各专业施工班组按照一定的装饰施工顺序，配备必要的施工机具，依次地、尽可能连续地由一个施工段转移至另一个施工段，重复完成同类作业任务。

（四）主要施工过程必须连续施工、不同施工过程尽可能平行搭接施工

对工程量较大、施工时间较长的主要工序，必须组织连续施工，否则出现断流。不同的施工过程按施工工艺要求，尽可能组织平行搭接施工，有利于缩短工期。

三、流水施工的分类

装饰工程流水施工，可根据组织施工对象的范围、施工计划的性质和作用不同，组织和编制不同级别的流水施工和进度计划，通常可分为：

（一）子分部工程流水施工

是指在一个子分部工程的内部，几个专业施工班组或全部班组之间组织的流水施工。它在进度表上，通常反映了该子分部工程流水施工的进度情况，也是分部工程流水施工的基础。

（二）分部工程流水施工

是指在一个分部工程的内部，几个子分部工程之间组织的流水施工。它在施工进度表上，通常反映了该分部工程的进度计划，也是单位工程流水施工的基础。

（三）单位工程（或子单位工程）流水施工

是指在一个单位工程（或子单位工程）的内部，几个分部工程之间组织的流水施工。它在施工进度表上，通常反映了该单位工程的进度计划。需说明的是，对于同一个单位工程而言，内含的若干个分部工程之间，实际上是很难组织起有效的流水施工的。往往是各分部工程流水施工的组合，或是组织施工三种基本方式的综合。

（四）群体工程流水施工

是指在几个单位工程（或子单位工程）之间组织的流水施工。只是施工段的划分对象往往是群体工程中的一个单体或规模较大的单位工程中的子单位工程。由于是多个单位工程（或子单位工程）间的流水，故内含的相同分部工程之间，就能组织起有效的流水施工，即可形成大流水。它在进度表上，通常反映了该群体工程的施工总进度计划。

第二节　流水施工的主要参数

为了说明流水施工在工艺流程、时间和空间上的开展情况及相互间的关系，采用了一系列参数，这些参数称为流水施工参数。

流水施工的主要参数，按其作用不同，一般可分为工艺参数、空间参数和时间参数三种。

一、工艺参数

工艺参数主要是指装饰工程项目经分解以后需要组入流水施工的装饰施工过程数目，以符号“N”表示。

（一）装饰施工过程的分类

装饰施工过程，根据其特点和性质不同，可分三类：

1. 制备类施工过程

制备类施工过程是指制造装饰成品、半成品而形成的施工过程，如抹灰砂浆的制备、装饰木线的加工、门窗扇的制作等施工过程。实际施工中，这类施工过程，一般不占有施工对象的工作面，不影响工期，也不列入流水施工进度计划表。

2. 运输类施工过程

是指把装饰材料、制品和设备等运至工地仓库或转运至装饰施工操作地点而形成的施工过程。这类施工过程往往也不占有施工对象的工作面，有时也可作为装饰施工的准备工作或综合在相应的装饰施工类施工过程中，一般也不列入流水施工进度计划表。

3. 装饰施工类施工过程

是指在施工对象的空间上，进行各装饰施工项目操作而形成的施工过程。如门窗安装、龙骨吊顶、墙面涂饰、裱糊或木装饰、地面铺大理石或木地板等施工过程。这类施工过程占有施工对象的空间，影响工期，必须列入施工进度计划。

（二）装饰施工过程数目的确定（计划中包括的全部施工过程数）

装饰施工过程数目是由工程项目分解施工活动的粗细程度来决定的，而工程项目分解施工活动的粗细程度则是根据编制施工计划的对象范围和作用来确定的。一般说来，编制建筑装饰分部工程实施性进度计划时，工程项目就分解得较细，装饰施工过程往往是分项工程（或工序），其名称和工作内容与现行的有关定额基本一致，数目较多。

应注意的是，在装饰工程流水施工中，参与流水施工的施工过程数目，通常它不等于计划中包括的全部施工过程数，因为这些施工过程并非都能按流水施工方式组织施工，即分解以后的所有施工过程并非全部都组入流水，可能其中几个阶段是采用流水施工的。流水施工中的施工过程数目，是指参与该阶段流水施工的施工过程数目。

二、空间参数

用以表达装饰工程流水施工在空间上开展状态的参数为空间参数。空间参数一般包括施工工作面、施工段数和施工层次。

（一）施工工作面

施工工作面是指提供工人操作的工作空间。根据施工过程的性质和施工方法，按不同的单位计量。

施工工作面的形成方式有两种：一是前导施工过程的结束为后续施工过程的施工提供工作面，如实木地板打磨施工过程完成后，为地板油漆施工过程提供了工作面；二是前后施工过程工作面的形成存在着相互制约和依赖的关系，彼此需相互开拓工作面。如卫生间悬吊式顶棚装饰时，吊顶施工与吊顶内水电管线的敷设及排风扇、灯具安装等施工过程之间，彼此须相互开拓工作面，即前后施工过程工作面的形成相互制约。

（二）施工段数和施工层次

装饰工程在组织流水施工时，通常把装饰施工对象在平面上划分为劳动量大致相等的若干个区段，称为施工段，它的数目一般以“M”表示。

施工层次则是指把装饰施工对象在垂直方向上所划分的层段数量，常用“M′”表示。

划分施工段或施工层，是组织流水施工的基本条件，为不同的施工班组能在不同的施工段（或施工层）上同时进行施工提供了必要的条件，使各施工班组能按一定的时间间隔转移到另一个施工段（或施工层）进行继续作业，避免窝工，并达到工作面利用较充分，尽可能缩短工期的目的。

合理地划分施工段或施工层是组织流水施工的关键。划分施工段数或施工层次时，应考虑以下几个因素：

1. 同一施工班组在各施工段上劳动量（或工作量）应大致相等，同时要考虑工人提前超额完成任务时，不至于影响流水施工的协调性。

2. 施工段范围的大小，要与劳动组合对工作面的要求相适应，并以该流水阶段主要装饰施工过程的作业需要决定。

3. 施工段数要使组织的流水施工具有可操作性，保证工作面得到较充分利用，各项资源的供应相对均衡，无“断流”或窝工的现象。

4. 施工段或施工层划分界线应合理。平面上两个相邻施工段之间，往往会形成施工缝，对装饰施工而言，划分施工段除应保证结构不受施工缝的影响外，饰面层的装饰效果也应充分体现设计的意图，避免出现不合理的收口。因而，应尽量利用结构的自然分界作为施工段或施工层的分界。实际施工中，往往利用工程对象的建筑特征，以单元分段、楼层面分层作为划分施工段或施工层界限的依据。

三、时间参数

用以表达装饰工程流水施工在时间上开展状态的参数为时间参数。时间参数主要有流水节拍、流水步距和工期等。

（一）流水节拍

流水节拍是指从事某一装饰施工过程的施工班组，完成一个施工段的施工任务所需的持续时间。用符号 t_i 表示，其中 i 为装饰施工过程的编号（$i=1, 2, \cdots\cdots n$）。

1. 流水节拍的确定

流水节拍的大小与投入该装饰施工过程的劳动力、机械设备和材料供应的集中程度有关。它表明装饰工程流水施工的速度和节奏性。某一装饰施工过程，在工程量明确，并有相应劳动定额、补充定额或实际经验数据的情况下，其流水节拍一般有两种确定方法：一种是根据现场投入的资源来确定；另一种是根据工期要求来确定。

根据现场可能投入的资源来确定流水节拍时，其流水节拍可按下式计算：

$$t_i = \frac{Q_i}{S_i R_i b} \tag{2-1}$$

或

$$t_i = \frac{Q_i H_i}{R_i b} \tag{2-2}$$

式中 t_i——某装饰施工过程在某施工段上的流水节拍；

Q_i——某装饰施工过程在某施工段上的工程量；

S_i——某装饰施工过程的人工或机械的产量定额（如 m^3/工日、m^2/工日、m/工日、m^2/台班等）；

H_i——某装饰施工过程的人工或机械的时间定额；

R_i——某装饰施工过程的施工班组人数或机械台数；

b——每天工作的班制数。

根据工期要求来确定流水节拍时，可按规定的工期和组织流水施工的方式，先确定流水节拍，然后应用式（2-1）或（2-2）求出所需的施工班组人数或机械台数。显然，在某一施工段上的工程量不变的情况下，流水节拍的大小，反过来决定了所需施工班组人数或机械设备台数。但无论采用哪种确定方法，均需满足最小工作面的要求。

2. 确定流水节拍时应注意的事项

（1）某装饰施工过程在某施工段上的工程量应计算准确，产量定额水平应与现行有关定额或实际经验数据基本一致，并应明确流水节拍的确定方法。

（2）确定施工班组人数时，应考虑最小劳动组合人数及最小工作面的要求，以使其具备集体协作的能力，又保证施工班组有足够的施工操作空间。人数太少，可能会改变原来的劳动组织方式，甚至无法组织施工；人数太多，会受工作面的限制，同样也限制了流水节拍的进一步缩短。

（3）流水节拍的确定，尚应考虑机械设备的实际负荷能力、材料供应的能力和可能提供的机械设备的数量，也要考虑机械设备操作安全和质量要求。

（4）多个装饰施工过程参与流水施工，流水节拍确定时，以主导装饰施工过程流水节拍为依据，确定其他装饰施工过程的流水节拍。主导装饰施工过程的流水节拍应是各装饰施工过程流水节拍的最大值。

(5) 确定流水节拍时，应尽可能地有节奏，以便于组织节奏流水。节拍值一般取整数，必要时可保留0.5d（台班）的小数值。

（二）流水步距

流水步距是指流水施工过程中，两个相邻施工班组，在保持其工艺先后顺序、满足连续施工和尽可能平行搭接的条件下，相继投入流水施工的时间间隔。通常以 $K_{i,i+1}$ 表示（i 表示前一个装饰施工过程，$i+1$ 表示后一个装饰施工过程）。

流水步距的大小，一般需通过计算确定。流水步距的大小将直接影响流水施工的工期。一般说来，在施工段不变的条件下，流水步距越大，工期越长；流水步距越小，工期越短。

1. 确定流水步距的原则

(1) 保证装饰施工过程的施工班组在各施工段上均能连续施工；

(2) 保证各装饰施工过程按各自流水速度施工，并始终保持工艺先后顺序；

(3) 保证两个相邻施工班组，在开工时间上实现最大限度的、合理的搭接；

(4) 保证均衡生产和施工安全，满足技术间歇或组织间歇要求。

2. 流水步距的计算方法

根据确定流水步距的原则，可得出在不同流水施工组织方式中，流水步距的不同计算方法：

(1) 当同一装饰施工过程在各施工段上的流水节拍相等，且施工过程数和施工班组数相等时，两个相邻施工过程之间的流水步距可按下式计算：

$$k_{i,i+1}=\begin{cases}t_i+t_j-t_d & (\text{当 } t_i\leqslant t_{i+1}\text{ 时})\\ Mt_i-Mt_{i+1}+t_{i+1}+t_j-t_d & (\text{当 } t_i>t_{i+1}\text{ 时})\end{cases} \tag{2-3}$$

式中 t_i——第 i 个施工过程的流水节拍；

t_{i+1}——第 $i+1$ 个施工过程流水节拍；

t_j——第 i 个施工过程与第 $i+1$ 个施工过程之间的间歇时间；

t_d——第 i 个施工过程与第 $i+1$ 个施工过程之间的搭接时间。

(2) 当同一装饰施工过程在各施工段上的流水节拍相等，但施工过程数和施工班组数不相等，或同一装饰施工过程在各施工段上的流水节拍也不完全相等时，这时式（2-3）已不适用，具体叙述详见本章的第三节。

3. 影响流水步距大小的因素

(1) 两个相邻施工过程在各施工段上的流水节拍值的大小；

(2) 流水施工的组织形式，即流水施工的方式；

(3) 施工段的数目和施工工艺技术、技术间歇或组织间歇时间。

（三）流水施工的工期

流水施工的工期是指第一个施工过程进入施工到最后一个施工过程退出施工之间的整段时间。需说明的是，流水施工的工期一般指某一流水组施工所需的时间，往往与某装饰工程项目施工的总工期不完全一致（除全面采用流水施工的工程项目）。因为装饰工程项目施工中的所有装饰施工过程，全面采用流水施工的组织方式是不切实际的。

流水施工的工期，一般可采用下式计算：

$$T = \Sigma K_{i,i+1} + T_N \tag{2-4}$$

式中 $\Sigma K_{i,i+1}$——流水施工中各流水步距之和；

T_N——参与流水施工的最后一个施工班组完成施工任务的持续时间。

【例 2-2】 某五层四单元住宅室内木地面施工，共有楼地面找平、木龙骨安装（包括弹线）、面板铺钉（包括机磨地板）、油漆（包括批腻子、底涂、面漆）等四道工序，每层以单元分段组织流水施工，各施工过程的流水节拍值分别为：$t_1 = t_{找平} = 1\text{d}$，$t_2 = t_{龙骨} = 3\text{d}$，$t_3 = t_{面板} = 2\text{d}$，$t_4 = t_{油漆} = 2\text{d}$，其中地面找平后需有 3d 养护时间。试求各施工过程之间的流水步距及完成一层木地面施工的工期。

【解】 根据上述条件及式（2-3），各流水步距计算如下：

因为 $t_1 < t_2$，$t_j = 3$，$t_d = 0$，所以

$$K_{1,2} = t_1 + t_j - t_d = 1 + 3 - 0 = 4\text{d}$$

因为 $t_2 > t_3$，$t_j = 0$，$t_d = 0$，所以

$$K_{2,3} = Mt_2 - Mt_3 + t_3 + t_j - t_d = 4 \times 3 - 4 \times 2 + 2 + 0 = 6\text{d}$$

同理可得 $K_{3,4} = t_3 + t_j - t_d = 2 + 0 - 0 = 2\text{d}$

该层木地面施工工期按式（2-4）计算如下：

$$\begin{aligned} T &= \Sigma K_{i,i+1} + T_N \\ &= K_{1,2} + K_{2,3} + K_{3,4} + Mt_4 \\ &= (4 + 6 + 2) + (4 \times 2) = 20\text{d} \end{aligned}$$

绘制流水施工进度计划表，如图 2-4 所示。

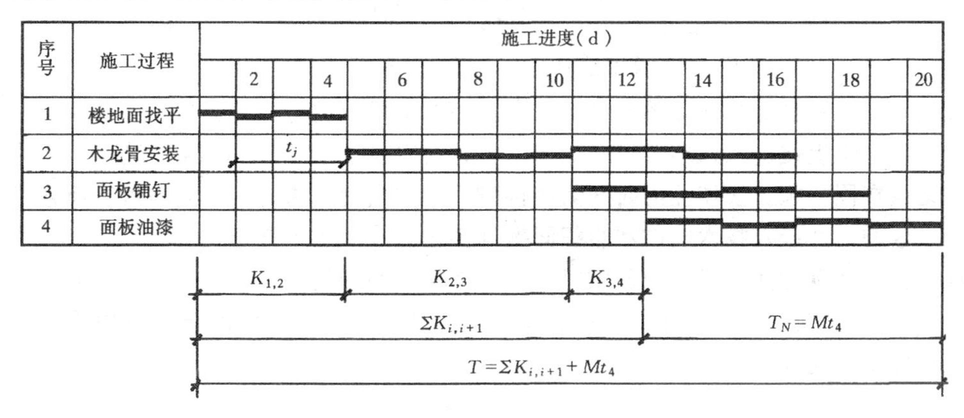

图 2-4 某住宅一层木地面流水施工进度计划表（不等节拍流水）

第三节 流水施工的基本方式

建筑装饰工程的流水施工主要是依靠各专业施工班组的协调配合，彼此按照一定的有规律的步调从一个施工段转移至下一个施工段，形成一种有节奏的活动来完成工程项目的有关施工任务。

流水施工的这种节奏性是由流水节拍的特征所决定的。流水节拍的特征不同，流水步

距的计算方法也不同，甚至会影响各个施工过程成立的专业施工班组数目。有时对于同一工程项目采用不同的流水施工组织方式时，其流水施工的工期也会不一样。

根据各装饰施工过程流水节拍的特征、施工工期要求和各项资源供应条件的不同，装饰工程流水施工有以下几种组织方式：

一、等节奏流水

等节奏流水施工亦称全等节拍流水施工，是指参与流水的所有施工过程在各施工段上的流水节拍均相等的一种流水施工方式。

等节奏流水施工组织方式的特点在于：专业施工班组数等于其施工过程数目，即有（$N-1$）个流水步距；能够保证各专业施工班组的工作连续、有节奏，并能实现均衡施工，是最理想的流水施工组织方式。

组织等节奏流水施工的方法是：首先是使各装饰施工段上的工程量基本相等，以使其流水节拍相等；其次，要确定主导装饰施工过程的施工班组人数和流水节拍；最后，使其他装饰施工过程的流水节拍与主导施工过程的流水节拍相等，做到这一点的办法主要是调节各专业施工班组的人数。

根据等节奏流水施工的特征，其流水施工工期可按下式计算：

因为 $$K_{i,i+1} = t_i + t_j - t_d, t_i = t$$

所以 $$\Sigma K_{i,i+1} = (N-1)t + \Sigma t_j - \Sigma t_d, T_N = Mt_i = Mt$$

$$\begin{aligned} T &= \Sigma K_{i,i+1} + T_N \\ &= [(N-1)t + \Sigma t_j - \Sigma t_d] + Mt \\ &= (M+N-1)t + \Sigma t_j - \Sigma t_d \end{aligned} \tag{2-5}$$

式中 Σt_j——所有间歇时间总和；

Σt_d——所有搭接时间（或提前插入时间）总和。

在工作面允许和资源保证的条件下，在同一施工段上前道工序完成一部分后，后道工序的专业施工班组便进入该施工段开始施工，这种现象称为搭接（或提前插入），前后两个施工班组在同一施工段作业的时间为搭接时间，它会使流水施工工期缩短。而施工段数与施工层数的增加以及技术间歇和组织间歇都会使流水施工工期延长。

在无技术间歇时间（或组织间歇时间）和搭接时间的情况下（$t_j=0$，$t_d=0$），则 $\Sigma t_j=0$；$\Sigma t_d=0$。因为流水节拍相等，所以流水步距相等，且步距大小等于节拍值。这时等节奏流水施工工期计算公式为：

$$K_{i,i+1} = t_i + t_j - t_d = t_i = t,$$

$$\Sigma K_{i,i+1} = (N-1)t$$

$$T_N = Mt_i = Mt$$

$$\begin{aligned} T &= \Sigma K_{i,i+1} + T_N \\ &= (M+N-1)t \end{aligned} \tag{2-6}$$

【例 2-3】 某建筑装饰子分部工程划分为 A、B、C、D 四个施工过程，每个施工过程分四个施工段。各施工过程的流水节拍均为 4d，其中施工过程 A 与 B 之间有 2d 的技术间歇时间，施工过程 C 与 D 搭接施工 1d，试计算该子分部工程组织等节奏流水施工的工期，并绘制流水施工进度计划表。

【解】 按式（2-5）计算：

$$T = (M + N - 1)t + \Sigma t_j - \Sigma t_d$$
$$= (4 + 4 - 1)4 + 2 - 1 = 29\text{d}$$

绘制流水施工进度计划表，如图 2-5 所示。

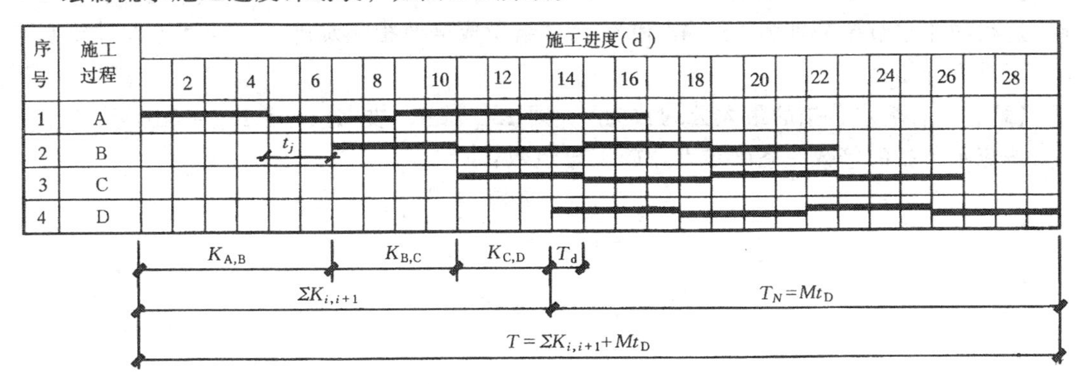

图 2-5 某工程等节奏流水施工进度计划表（等节拍流水）

二、异节奏流水

由于建筑装饰施工过程的复杂程度不同，故工程量差异往往较大。在大多数情况下，各施工过程的流水节拍不一定相等，将其组织成固定节拍的等节奏流水施工是有困难的。因此，流水施工的组织方式也将改变。

异节奏流水施工是指同一装饰施工过程在各施工段上的流水节拍都相等，但不同施工过程之间的流水节拍不完全相等的一种流水施工方式。异节奏流水施工又可分为成倍节拍流水和不等节拍流水。

（一）成倍节拍流水施工

成倍节拍流水施工是指同一装饰施工过程在各施工段的流水节拍相等，不同装饰施工过程之间的流水节拍不完全相等，但均为最大公约数的倍数，并按该倍数关系确定相应的专业施工班组数的流水施工组织方式。

成倍节拍流水施工的特点在于：施工过程数目不再与配备的专业施工班组数目一致，施工班组总数大于施工过程数目；任何两个相邻专业施工班组之间的流水步距，均等于流水节拍的最大公约数；所有专业施工班组都能连续施工，施工段没有闲置，且都实现了最大限度地、合理地搭接，大大缩短了工期。

根据成倍节拍流水施工的特点，其流水施工工期可按下式计算：

因为 $$K_{i,i+1} = t_{\min}, b_i = \frac{t_i}{t_{\min}}, N' = \Sigma b_i$$

所以 $$\Sigma K_{i,i+1} = (N' - 1)t_{\min}$$

$$\begin{aligned} T &= \Sigma K_{i,i+1} + T'_N \\ &= (N' - 1)t_{\min} + Mt_{\min} \\ &= (M + N' - 1)t_{\min} \end{aligned} \tag{2-7}$$

式中 $t_{\min}$——所有装饰施工过程流水节拍的最大公约数；

b_i——从事某装饰施工过程的专业施工班组数目；

N'——所有专业施工班组数总和；

T'_N——最后一个施工班组完成其承担的全部施工任务所需的时间，其值等于 Mt_{min}。

【例 2-4】 某子分部工程由三个施工过程组成，每个施工过程均有 6 个施工段，三个施工过程的流水节拍分别为 6d、4d 和 4d。试组织成倍节拍流水施工，计算工期并绘制流水施工进度计划表。

【解】 各流水节拍的最大公约数为 2，即 $t_{min}=2d$，故 $K_{i,i+1}=t_{min}=2d$

按流水节拍的倍数关系确定专业施工班组数：

$$b_1=\frac{t_1}{t_{min}}=\frac{6}{2}=3(\text{个})$$

$$b_2=\frac{t_2}{t_{min}}=\frac{4}{2}=2(\text{个})$$

$$b_3=\frac{t_3}{t_{min}}=\frac{4}{2}=2(\text{个})$$

施工班组总数为：

$$N'=\Sigma b_i=b_1+b_2+b_3=3+2+2=7(\text{个})$$

按式（2-7）计算：

$$\begin{aligned}T&=(M+N'-1)t_{min}\\&=(6+7-1)\times 2\\&=24d\end{aligned}$$

绘制流水施工进度计划表，如图 2-6 所示。

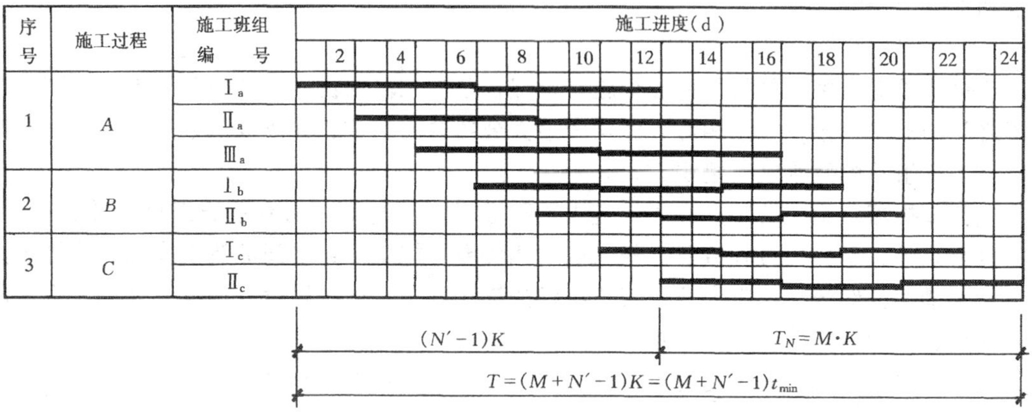

序号	施工过程	施工班组编号	施工进度(d)																							
				2		4		6		8		10		12		14		16		18		20		22		24
1	A	Ⅰa																								
		Ⅱa																								
		Ⅲa																								
2	B	Ⅰb																								
		Ⅱb																								
3	C	Ⅰc																								
		Ⅱc																								

$(N'-1)K$　　$T_N=M\cdot K$

$T=(M+N'-1)K=(M+N'-1)t_{min}$

图 2-6　某分部工程成倍节拍流水施工进度计划表

成倍节拍流水施工，由于一个施工过程可能有多个施工班组，而各班组连续施工的施工段是交叉的，故在绘制流水进度时须标明各施工段的编号。另外，当某施工过程要求有技术间歇或组织间歇时，一般应在该施工过程的最后一个施工班组与其紧后施工过程的第一个施工班组之间加上间歇时间，式（2-7）尚未考虑这种因素。

（二）不等节拍流水施工

异节奏流水施工中，如果同一装饰施工过程在各施工段的流水节拍相等，但不同装饰施工过程之间的流水节拍没有成倍的规律，即无成倍节拍流水的特征，则应组织不等节拍流水。

组织不等节拍流水时，各流水步距已不可能相等，但仍可按式（2-3）计算，工期可采用式（2-4）计算，图 2-4 所示的流水方式即为不等节拍流水施工的组织方式。

不等节拍流水实质上是一种不等节拍不等步距的流水施工，其与成倍节拍流水有一定的关系：若某工程能组织成倍节拍流水，则也一定能组织不等节拍流水，只是工期长短有所不同；反过来，能组织不等节拍流水的，却未必就能组织成倍节拍流水，因为两种组织方式所要求的节拍特征有一定的差异。

三、无节奏流水

无节奏流水是指同一装饰施工过程在各施工段上的流水节拍不完全相等的一种流水方式。

无节奏流水施工组织方式的特点在于：施工过程数目与专业施工班组数相等；各施工班组能连续施工，但施工段可能有闲置，即有些施工段上并不经常有施工班组工作。实际上，在装饰工程组织流水施工时，装饰工作面的停歇有时是不易避免的，也是有必要的，故这种流水施工组织方式，较切合实际，应用也较普遍。

在无节奏流水施工中，由于同一施工过程在各施工段上的流水节拍不完全相等，流水步距的大小没有规律，所以式（2-3）已不再适用。为使各专业施工班组之间在一个施工段内互不干扰，既不发生工艺顺序颠倒的现象，又使前后施工班组之间的工作紧紧衔接，可将相邻两个施工过程的流水节拍累加数列错位相减，并取最大差值即为其流水步距。

组织无节奏流水施工的关键在于通过上述方法计算确定流水步距，若（$N-1$）个流水步距均明确后，则可用式（2-4）计算无节奏流水施工的工期。

【例 2-5】 某装饰分部工程有四个施工过程，每一施工过程划分为四个施工段，各施工过程在各施工段上的流水节拍见表 2-1。试计算该分部工程组织无节奏流水施工的工期，并绘制流水施工进度计划表。

某工程各施工过程在各施工段的流水节拍 **表 2-1**

施工段 / 施工过程	Ⅰ	Ⅱ	Ⅲ	Ⅳ
A	3	5	4	3
B	2	4	4	2
C	4	3	3	4
D	2	2	4	3

【解】 1. 流水步距计算

（1）求 $k_{A,B}$

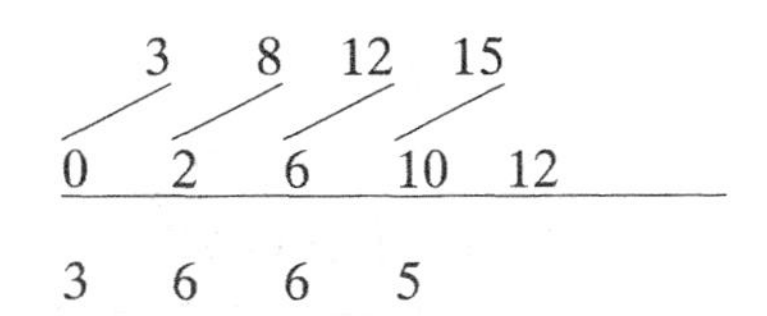

∴　　$k_{A,B}=6d$

(2) 求 $k_{B,C}$

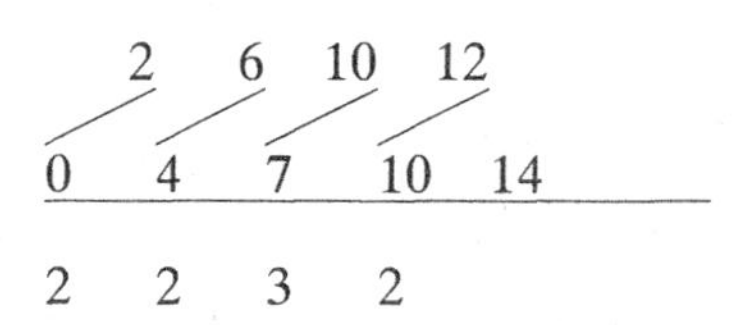

∴ $k_{B,C}=3d$

(3) 求 $k_{C,D}$

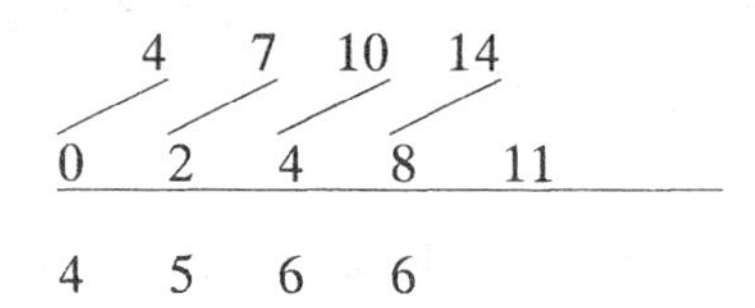

∴ $k_{C,D}=6d$

2. 工期计算

$$\begin{aligned} T &= \Sigma K_{i,i+1} + T_N \\ &= 6+3+6+2+2+4+3 \\ &= 26d \end{aligned}$$

该工程的施工进度安排如图 2-7 所示。

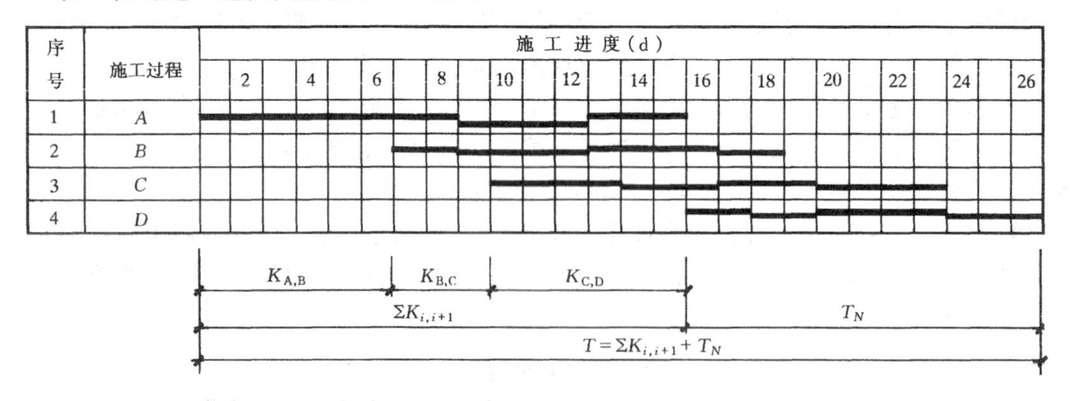

图 2-7 无节奏流水施工

思考题与习题

2-1 组织施工有哪几种方式？试述各自的特点。

2-2 组织流水施工的条件有哪些？

2-3 装饰施工过程一般可分为哪三类？其数目的确定与哪些因素有关？

2-4 划分施工段数或施工层次时应考虑哪些因素？

2-5 确定流水节拍时要考虑哪些因素？

2-6 影响流水步距大小的因素有哪些？

2-7 流水施工按节奏特征不同可分为哪几种方式？各有什么特点？

2-8 成倍节拍流水与不等节拍流水有何区别？

2-9 某三层办公楼塑料窗安装，总计工作量为 $1500m^2$。已知每平方人工消耗量为

0.2178 工日，现场组织一个独立的专业班组（人数 8 人）常日班施工。试求：完成该工程塑钢窗安装所需的劳动总量和该项目施工所需的持续天数。

2-10 某工程内墙面干挂花岗石饰面板，每层工程量为 $120m^2$，每工产量定额为 $1.2m^2$，现场组织一个 5 人班组（常日班）参与楼层间的流水施工。试求该装饰施工过程参与流水施工的流水节拍。

2-11 某工程有 A、B、C 三个施工过程，每个施工过程均划分为四个施工段，设 $t_A=3d$，$t_B=2d$，$t_C=4d$。试分别计算依次施工、平行施工及流水施工的工期，并绘制相应的施工进度计划表。

2-12 某装饰子分部工程划分为四个施工过程，分四段组织流水施工，流水节拍均为 3d，在第三个施工过程结束后有 3d 技术间歇时间，试计算其工期并绘制进度计划表。

2-13 某工程共有三个施工过程，划分六个施工段，各施工过程的流水节拍分别为 $t_1=6d$，$t_2=4d$，$t_3=2d$。试计算：（1）成倍节拍流水施工的工期并绘制进度计划表；（2）不等节拍流水施工的流水步距和工期，并绘制进度计划表。

2-14 试根据表 2-2 数据，计算：（1）各流水步距和工期；（2）绘制流水施工进度表。

各施工过程的流水节拍值（d） **表 2-2**

施工过程	施工段			
	一	二	三	四
A	3	5	7	5
B	2	4	5	3
C	4	3	3	4
D	4	2	3	4

第三章　网络计划技术基本知识

建筑装饰工程施工进度计划的表达方法有多种，前面提及的横道图形式是编制装饰工程施工进度计划时的常用方法之一。但是，随着现代建筑装饰工程的不断发展，其规模日益扩大，新技术、新工艺不断演变和进步，使装饰施工的计划管理工作越来越复杂。为适应建筑装饰工程施工组织与管理的需要，提高企业管理水平与市场竞争能力，在计划管理中应用网络计划技术已势在必行。同时，随着我国建筑装饰施工企业管理人员文化层次、专业知识水平的不断提高，也为这一从国外引进的计划管理技术的广泛应用提供了保障。本章主要叙述网络计划技术的基本概念和基本方法，使学生了解网络计划技术的基本内容，理解双代号、单代号网络计划的基本原理，能掌握计算机在网络计划编制中的应用。

第一节　网络计划技术的基本概念

网络计划技术的基本原理是：首先将一个装饰工程项目分解为若干个分项工程或施工过程，并按拟定的装饰施工方案、网络计划性质及绘制基本规则，绘制网络图；然后进行时间参数计算，分析各施工过程在网络图中的地位，确定关键线路和关键工作；接着按选定目标，利用最优化原理，改进初始方案，寻求最优网络计划方案；最后在网络计划执行过程中，进行有效地监控，以达到缩短工期、降低成本或均衡资源的目的。

需说明的是，网络计划的表达形式是网络图，即以网络图形式编制的施工进度计划称为网络计划；而用网络计划对装饰工程的施工进度进行监控，以保证实现预定目标的计划管理技术，称为网络计划技术。显然，要掌握并应用网络计划技术，应首先对网络图及网络计划有一个基本认识。

一、网络图

网络图是由一系列箭线和圆圈（节点）组成的有向、有序的网状图形。网络图按其所用符号的意义不同，可分为双代号网络图和单代号网络图。

（一）双代号网络图

双代号网络图也称箭线式网络图，是指以箭线或其两端节点的编号表示某装饰施工过程的网络图。

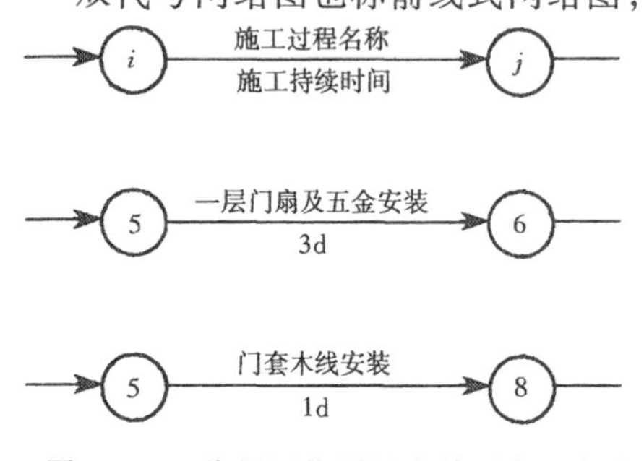

图 3-1　双代号网络图基本单元表示方法

1. 双代号网络图基本单元

双代号网络图基本单元如图 3-1 所示。

图中用箭线或其两端节点的编号表示某一装饰施工过程，施工过程名称写在箭线上面，施工持续时间写在箭线下面，在箭线的两端分别画一个圆圈作为节点，并在节点内进行编号。类似的若干单元组成的网状图形即为双代号网络图，如

图 3-2 所示。

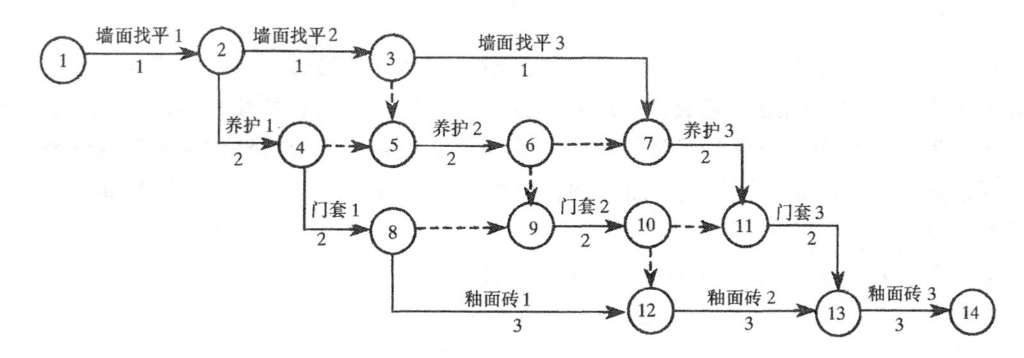

图 3-2　双代号网络图

2. 双代号网络图的组成

双代号网络图是由箭线、节点和线路三要素组成。

(1) 箭线

1) 有箭头的箭线表示要进行的施工过程（或工作、工序），箭尾表示工作开始，箭头表示工作结束。

2) 双代号网络图中任何一根实箭线所代表的施工过程，均要消耗一定的时间或消耗一定的时间和资源。只消耗时间不消耗资源的施工过程，一般是指技术间歇（如油漆的干燥时间等）。

3) 在双代号网络图中，只表示相邻前后工作之间的逻辑关系，即不消耗时间也不消耗资源的工序，称为虚工序。虚工序用虚箭线表示，如图 3-2 中的③→⑤、④→⑤等，分别在双代号网络图中起到逻辑连接、逻辑断路作用。

4) 箭线方向表示施工过程进行的方向，宜优先选用自左向右的水平方向或自上而下的垂直方向。箭线的长短一般不表示该施工过程持续时间的长短（除时标网络外）。

5) 凡是紧接于某工作箭线箭尾端的工作称为该工作的“紧前工作”；凡是紧接于某工作箭线箭头端的工作称为该工作的“紧后工作”；可与本工作同时进行的工作称为“平行工作”；没有紧前工作的工作称为“起始工作”；没有紧后工作的工作称为“结束工作”。

(2) 节点

在双代号网络图中，用圆圈表示工作开始或完成的时间点，称为节点。

1) 节点的分类

在双代号网络图中，根据节点所处位置的不同，可分为起点节点、终点节点和中间节点三种。双代号网络图中的第一个节点称为起点节点，它表示一项计划的开始；网络图中的最后一个节点称为终点节点，它表示一项计划的结束；介于起点节点和终点节点之间的任何一个节点均为中间节点，任一中间节点表示其紧前工作结束、紧后工作开始的瞬间。

2) 节点的编号

为检查和识别各项施工过程（或工作），计算各项时间参数，需对每个节点进行编号，从而也可利用箭线两端节点的编号来代表某一施工过程，如图 3-2 中的“门套 1”工作也可称为工作④→⑧。

节点编号的一般方法是：由起点节点开始，从左向右，自上而下，从小号编到大号，但需满足箭头端节点编号大于箭尾端节点编号的原则。

（3）线路

在双代号网络图中，从起点节点开始，沿箭线方向连续通过一系列箭线与节点而形成的若干条通路，称为线路。完成某条线路的全部工作所必须的总持续时间，代表了该条线路的计划工期。其中，线路时间最长的线路称为关键线路，其余线路称为非关键线路。

现以图 3-2 所示的双代号网络图为例，分析其线路数目及相应的总持续时间，并确定线路的种类。

第 1 条线路：①→②→③→⑦→⑪→⑬→⑭

$$T_1 = 1 + 1 + 1 + 2 + 2 + 3 = 10\text{d}$$

第 2 条线路：①→②→③→⑤→⑥→⑦→⑪→⑬→⑭

$$T_2 = 1 + 1 + 2 + 2 + 2 + 3 = 11\text{d}$$

第 3 条线路：①→②→③→⑤→⑥→⑨→⑩→⑪→⑬→⑭

$$T_3 = 1 + 1 + 2 + 2 + 2 + 3 = 11\text{d}$$

第 4 条线路：①→②→③→⑤→⑥→⑨→⑩→⑫→⑬→⑭

$$T_4 = 1 + 1 + 2 + 2 + 3 + 3 = 12\text{d}$$

第 5 条线路：①→②→④→⑤→⑥→⑦→⑪→⑬→⑭

$$T_5 = 1 + 2 + 2 + 2 + 2 + 3 = 12\text{d}$$

第 6 条线路：①→②→④→⑤→⑥→⑨→⑩→⑪→⑬→⑭

$$T_6 = 1 + 2 + 2 + 2 + 2 + 3 = 12\text{d}$$

第 7 条线路：①→②→④→⑤→⑥→⑨→⑩→⑫→⑬→⑭

$$T_7 = 1 + 2 + 2 + 2 + 3 + 3 = 13\text{d}$$

第 8 条线路：①→②→④→⑧→⑨→⑩→⑪→⑬→⑭

$$T_8 = 1 + 2 + 2 + 2 + 2 + 3 = 12\text{d}$$

第 9 条线路：①→②→④→⑧→⑨→⑩→⑫→⑬→⑭

$$T_9 = 1 + 2 + 2 + 2 + 3 + 3 = 13\text{d}$$

第 10 条线路：①→②→④→⑧→⑫→⑬→⑭

$$T_{10} = 1 + 2 + 2 + 3 + 3 + 3 = 14\text{d}$$

通过计算看出，该网络图共有 10 条线路，其中第 10 条线路总持续时间最长，故为关键线路，其余线路为非关键线路。

双代号网络图中的关键线路与非关键线路具有如下特征：

1）关键线路的线路总持续时间最长，并代表了该网络图所示计划的总工期。

2）关键线路上的工作均为关键工作，任何一个关键工作完成的快慢将直接影响整个计划的总工期。

3）在同一网络图中，至少有一条关键线路，但也有可能同时出现多条关键线路。

4）非关键线路上的工作，不一定都是非关键工作，有时也会有关键工作存在，非关键线路的线路总持续时间，仅代表该条线路的计划工期，不代表总工期。

5）当计划管理人员采取技术组织措施，缩短某些关键工作施工时间，或者由于施工条件约束、组织工作疏忽，拖延了某些非关键工作的施工时间，关键线路和非关键线路可能会互相转化。

（二）单代号网络图

单代号网络图也称节点式网络图，是指以节点或该节点编号表示某装饰施工过程的网络图。

1. 单代号网络图的基本单元

单代号网络图的基本单元如图 3-3 所示。

图 3-3　单代号网络图基本单元表示方法

图中用节点或该节点编号表示某一装饰施工过程（或工作、工序）。施工过程名称、持续时间和节点编号都写在节点内，用实箭线表示施工过程之间的逻辑关系。类似的若干单元组成的网状图形即为单代号网络图，如图 3-4 所示。

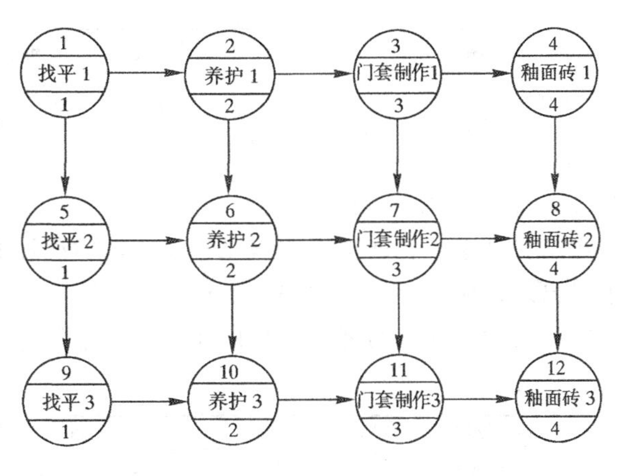

图 3-4　单代号网络图

2. 单代号网络图的组成

单代号网络图也有箭线、节点和线路三个基本要素组成，只是其中的箭线、节点的含义与双代号网络图中箭线、节点的含义有所不同。

（1）箭线

单代号网络图中的箭线均为实箭线，无虚箭线，因为它既不消耗时间，也不消耗资源，仅表示要进行的各施工过程之间的逻辑关系。相对于箭线的箭尾和箭头来说，箭尾节点称为紧前工作，箭头节点称为紧后工作。

（2）节点

单代号网络图中的节点，表示一个施工过程（或工作、工序），其范围、内容和性质相同于双代号网络图中的实箭线。节点编号的方法与双代号网络中节点编号方法一致，但含义有本质的区别。

（3）线路

单代号网络图中线路的含义同双代号网络图，同时其也分关键线路和非关键线路，两者的特征和线路时间的计算原理也均与双代号网络图相同。

二、网络计划

用网络图形式编制而成的施工进度计划即为网络计划。如前所述，由于网络图有单代号网络图与双代号网络图两种，因此，网络计划按网络图表示方法的不同，相应地分为单代号网络计划和双代号网络计划。

（一）网络计划的分类

在单代号网络计划和双代号网络计划的基础上，按照不同的分类原则，还可将网络计划分成不同的类别（见表 3-1），以满足不同用途的施工进度计划的需要。

网络计划的分类 **表 3-1**

分类依据	网络计划形式	说明
按性质分类	肯定型网络计划	工作与工作之间的逻辑关系以及持续时间都肯定的网络计划
	非肯定型网络计划	工作与工作之间的逻辑关系和持续时间二者中任一项不肯定或都不肯定的网络计划
按目标分类	单目标网络计划	只有一个终点节点的网络计划
	多目标网络计划	终点节点不只一个的网络计划
按层次分类	分级网络计划	根据不同管理层次的需要而编制的范围大小不同，详略程度不同的网络计划
	总网络计划	以整个计划任务为对象编制的网络计划
按表达方式分类	时标网络计划	以时间坐标为尺度编制的网络计划
	非时标网络计划	不按时间坐标绘制的网络计划

（二）横道计划与网络计划的特点分析

组织安排某一装饰工程的施工进度，用横道计划法或网络计划法的任何一种都可以把它表示出来，成为一定形式的书面计划（如图 3-5、图 3-6 所示），但是由于两种计划表达形式有较大的区别，两者所发挥的作用也就各具特点。横道计划与网络计划的特点分析与比较，如表 3-2 所示。

施工过程	施工进度（d）											
（分项工程）	3	6	9	12	15	18	21	24	27	30	33	36
外装饰												
吊顶及板墙												
墙面找平												
地面找平												
墙面批嵌、木地板												
木装修及安门扇												
涂料涂饰												

图 3-5 某装饰项目施工进度计划（横道计划）

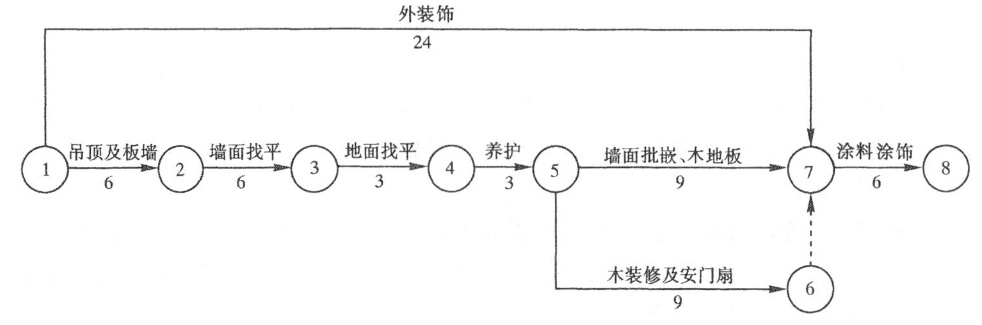

图 3-6 某装饰项目施工进度计划（网络计划）

横道计划与网络计划的特点分析与比较 **表 3-2**

计划名称	表达方式	优点分析	缺点分析
横道计划	以横向线条结合时间坐标来表示各施工过程的施工起讫时间及其先后顺序的计划形式。	较易编制、简单明了、直观易懂，各施工过程的起讫时间、持续时间、总工期和流水施工情况一目了然，便于劳动力及资源的统计。	不能全面反映出各施工过程之间的逻辑关系，不便于计算时间参数，很难找出关键工作，不能从图中看出该计划中的潜力及其所在，无法对原计划进行优化。
网络计划	以加注施工持续时间的箭线（双代号）和节点组成的网状图形来表示施工进度的计划形式。	工程项目的各施工过程组成了一个有机整体，能全面反映出各施工过程之间的相互制约和依赖关系，能找出影响工程进度的关键工作，可对计划按选定的目标进行优化。	从图上很难看出流水施工情况，也不易在一般网络图上显示资源平衡等情况。

第二节 双代号网络计划

双代号网络计划是以双代号网络图表示的计划。能正确绘制双代号网络图是编制双代号网络计划的基础。

一、双代号网络图的绘制

（一）绘图基本规则

1. 必须按确定的逻辑关系绘图

一个正确的双代号网络图，不仅要明确地表示出各施工过程的内容，而且要准确地表达出各施工过程的先后顺序和相互关系。这里的先后顺序和相互关系称为逻辑关系，其包括工艺关系和组织关系，均可从工程施工之前编制的施工组织设计或施工方案中得到。

双代号网络图中，各施工过程之间有多种逻辑关系，其表示方法见表 3-3。

逻辑关系的表示方法 **表 3-3**

序号	逻辑关系	双代号表示方法	单代号表示方法
1	A 完成后进行 B B 完成后进行 C	○—A→○—B→○—C→○	Ⓐ→Ⓑ→Ⓒ
2	A 完成后同时进行 B 和 C	○—A→○，再分出 B→○、C→○	Ⓐ→Ⓑ，Ⓐ→Ⓒ
3	A、B 都完成后进行 C	A→○、B→○ 汇合，○—C→○	Ⓐ→Ⓒ，Ⓑ→Ⓒ

续表

序号	逻辑关系	双代号表示方法	单代号表示方法
4	A、B都完成后同时进行C、D	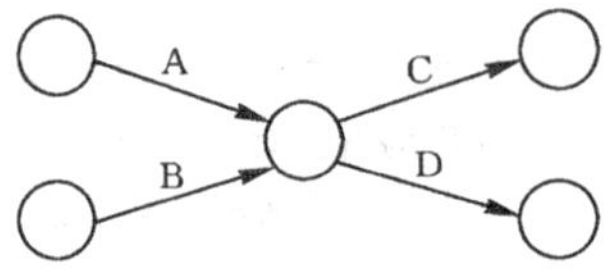	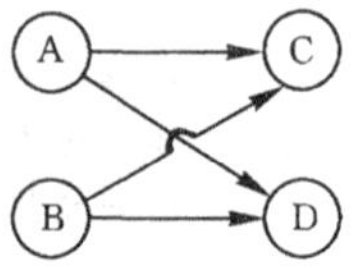
5	A完成后进行C，A、B都完成后进行D	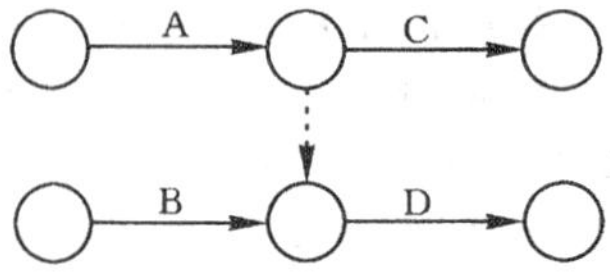	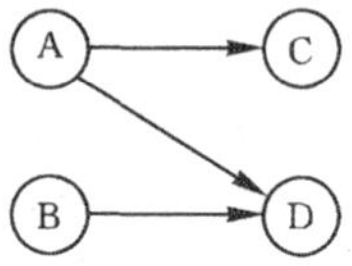
6	A、B都完成后进行C；B、D都完成后进行E	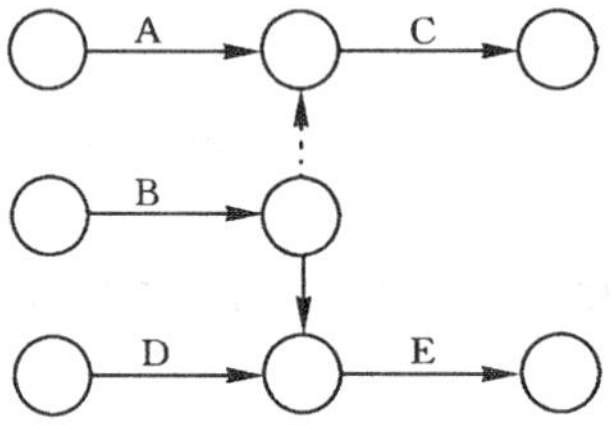	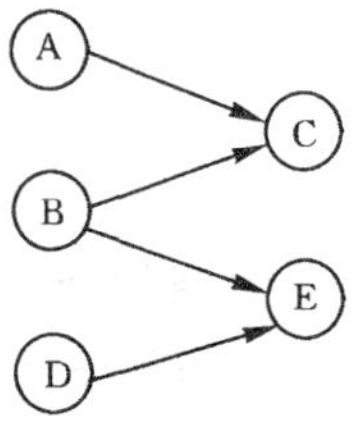
7	A完成后进行C；B完成后进行E；A、B都完成后进行D	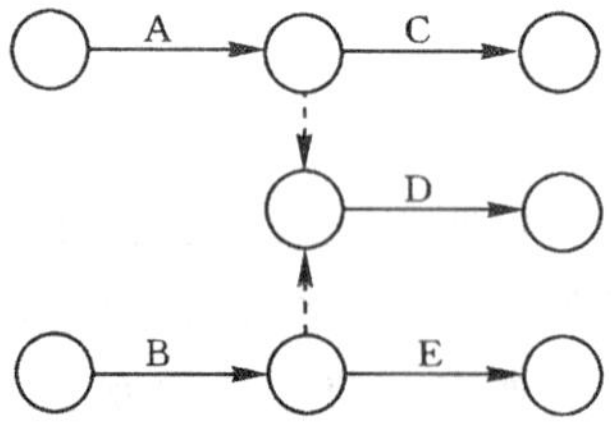	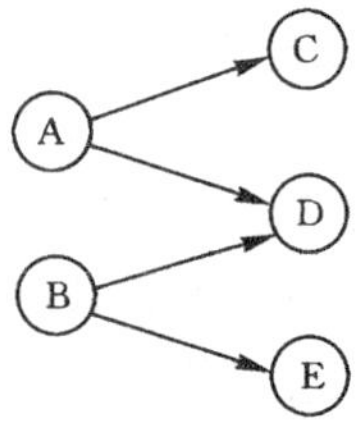
8	A、B两项先后进行的工作，各分为三段进行。A_1完成后进行A_2、B_1；A_2完成后进行A_3、B_2；A_2、B_1完成后进行B_2；A_3、B_2完成后进行B_3	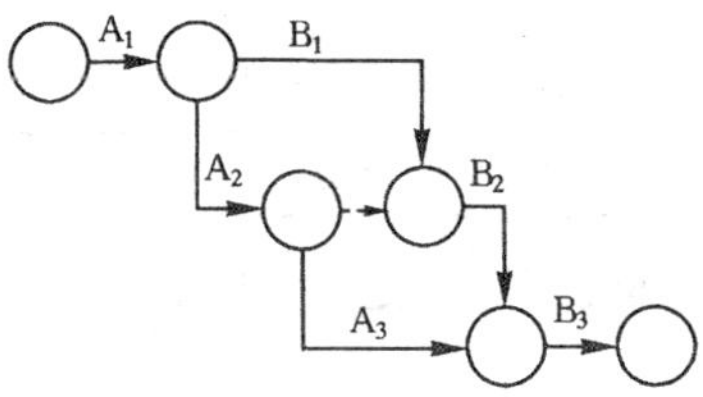	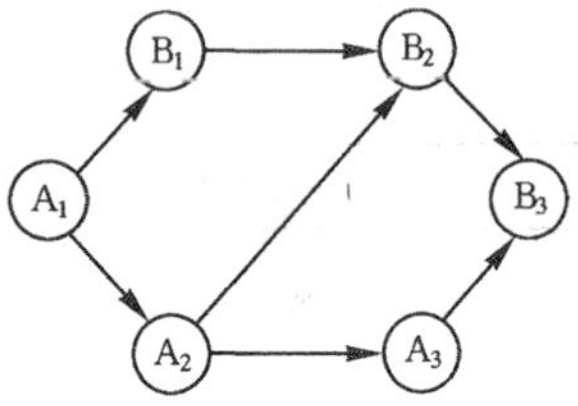

2. 在同一网络图中，只允许有一个起始节点和一个终点节点（如图3-7所示）。

3. 工作或节点的字母代码或数字编号，在同一任务的网络图中不允许重复使用，即网络图中不允许出现相同节点编号的不同工作（如图3-8所示）。

4. 在网络图中，不允许出现循环回路，即不允许从一个节点出发，沿箭线方向再返回到原来的节点（如图3-9所示）。

5. 在网络图中，不允许出现无箭头指向或有双向箭头的连线。

6. 在网络图中，不允许出现没有开始节点或没有结束节点的工作（如图3-10所示）。

7. 在网络图中，应尽量减少交叉箭线，当无法避免时，可采用“过桥”画法、“指向”画法（如图3-11所示）。

图 3-7　只允许有一个起始节点（或终点节点）

（a）错误；（b）正确

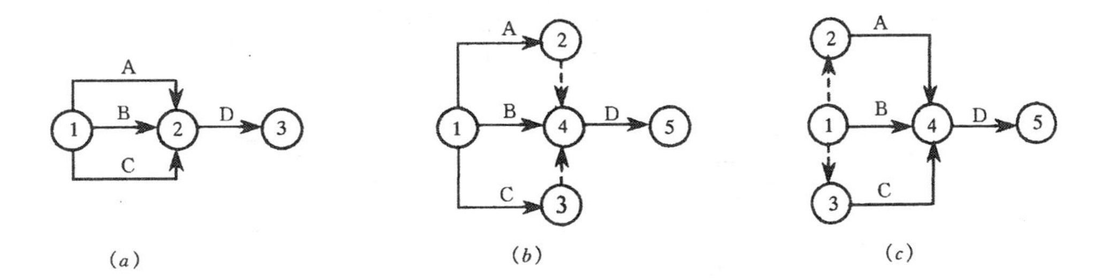

图 3-8　不允许出现相同节点编号的不同工作

（a）错误；（b）、（c）正确

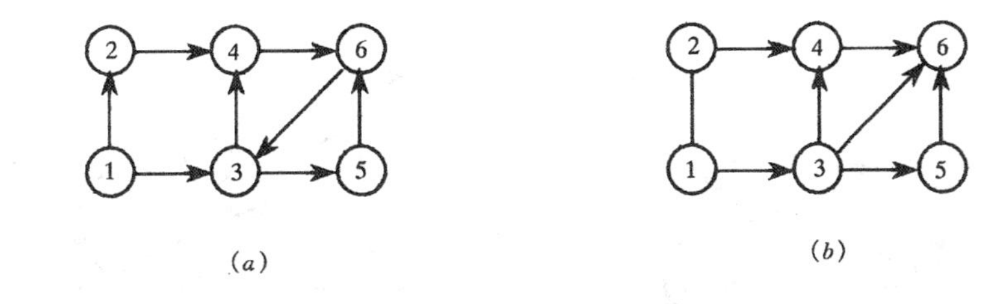

图 3-9　不允许出现循环回路

（a）错误；（b）正确

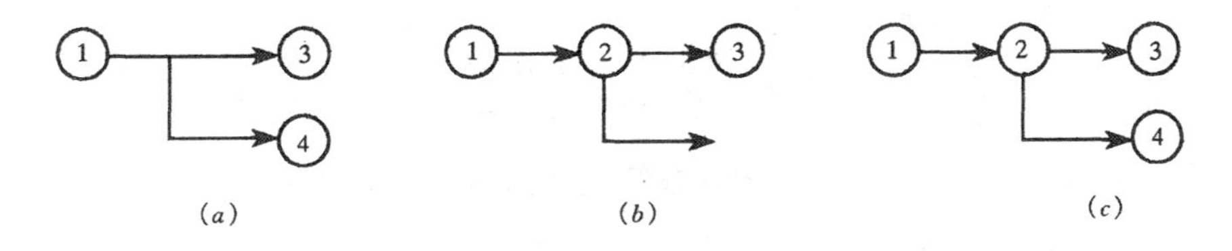

图 3-10　不允许出现无开始节点（或无结束节点）的工作

（a）、（b）错误；（c）正确

（二）双代号网络图的布图方法与一般要求

绘制双代号网络图，在严格遵守绘图基本规则的前提下，为使图面布置合理，重点突出，层次清晰，在绘图时尚应注意网络图的构图形式。

1. 当网络图的起点节点有多条外向箭线或终点节点有多条内向箭线时，为使图形简洁，宜用母线法绘制（如图 3-12 所示）。

2. 网络图的主方向是从起点节点到终点节点的方向，在绘图时，箭线的方向应优先选择与主方向相应的走向，或者选择与主方向垂直的走向（如图 3-13 所示）。

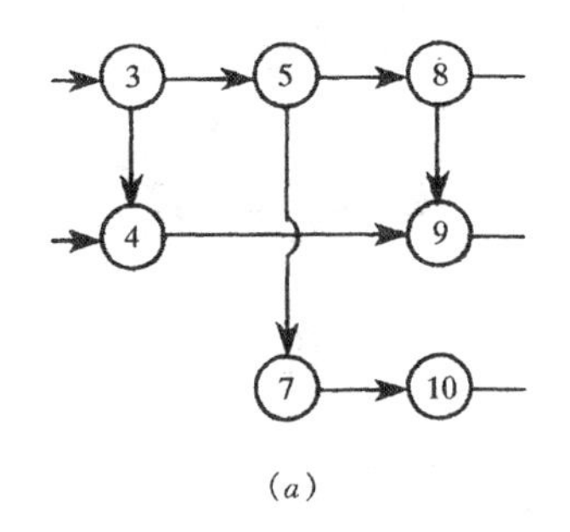

(a)

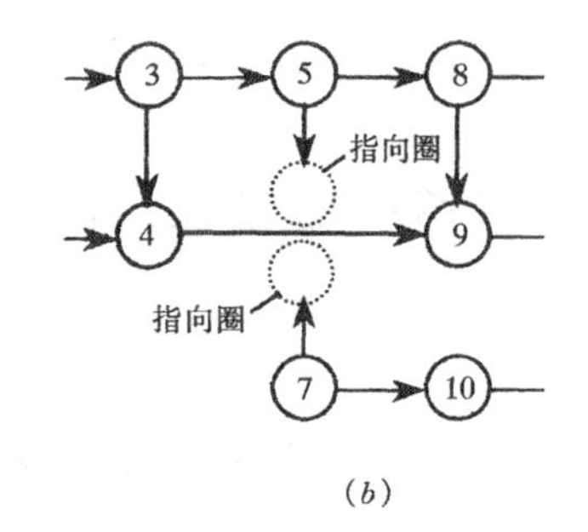

(b)

图 3-11　箭线交叉绘制方法

(a) 过桥法；(b) 指向法

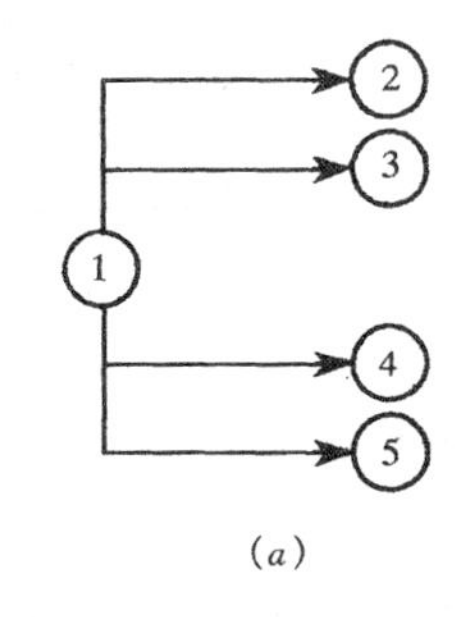

(a)

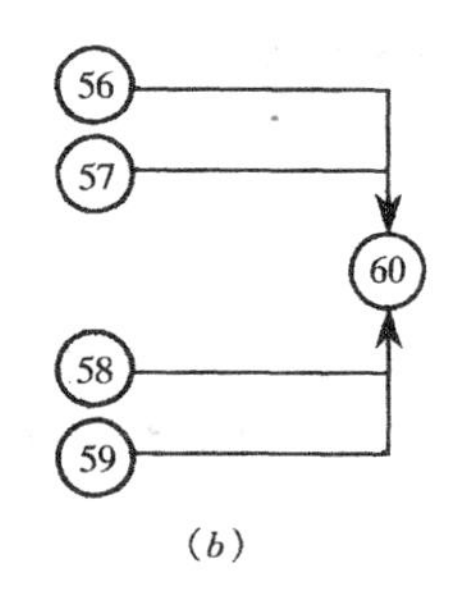

(b)

图 3-12　母线法绘图

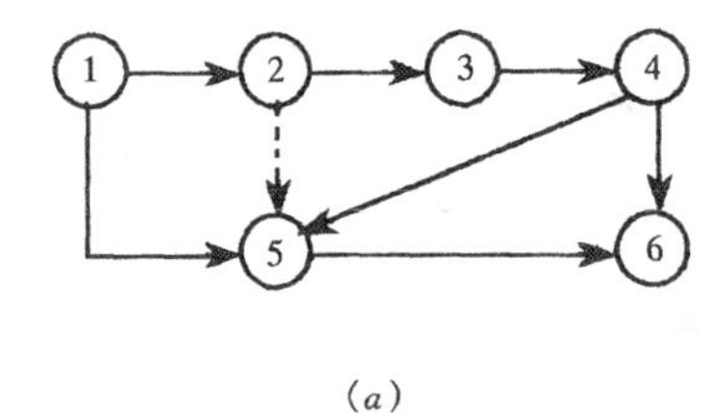

(a)

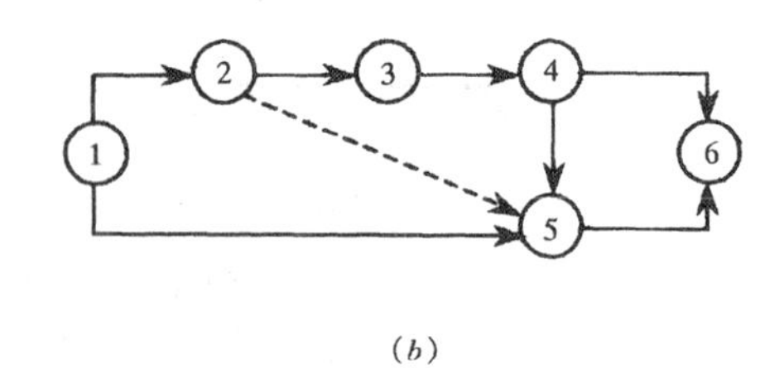

(b)

图 3-13　布置方法

(a) 较差；(b) 较好

3. 在网络图中应力求减少不必要的虚箭线（如图 3-14 所示）。

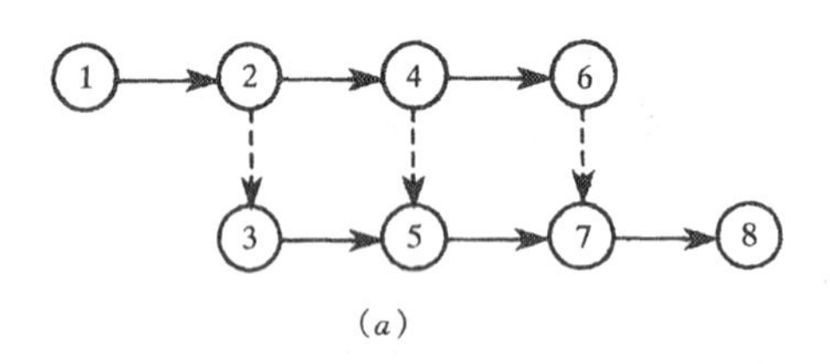

(a)

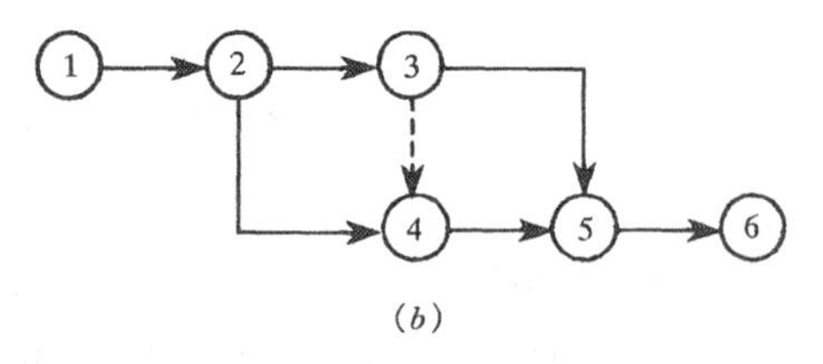

(b)

图 3-14　绘制要求

(a) 有多余虚箭线；(b) 无多余虚箭线

（三）绘图示例

【例 3-1】　某三层办公楼室内墙面装饰工程，根据施工方案，各施工过程之间逻辑关系见表 3-4，试绘制双代号网络图。

某装饰分部工程各工作之间的逻辑关系　　表 3-4

序号	工作名称	紧前工作	紧后工作	持续时间（d）
1	三层内粉	无	二层内粉；三层门窗安装	6
2	二层内粉	三层内粉	一层内粉；二层门窗安装	6
3	一层内粉	二层内粉	一层门窗安装	6
4	三层门窗安装	三层内粉	二层门窗安装；三层油、玻	2
5	二层门窗安装	二层内粉；三层门窗安装	一层门窗安装；二层油、玻	2
6	一层门窗安装	一层内粉；二层门窗安装	一层油、玻	2
7	三层油、玻	三层门窗安装	二层油、玻	3
8	二层油、玻	二层门窗安装；三层油、玻	二层油、玻	3
9	一层油、玻	一层门窗安装；二层油、玻	无	3

【解】　该工程双代号网络图可经直接分析绘制，如图 3-15 所示。

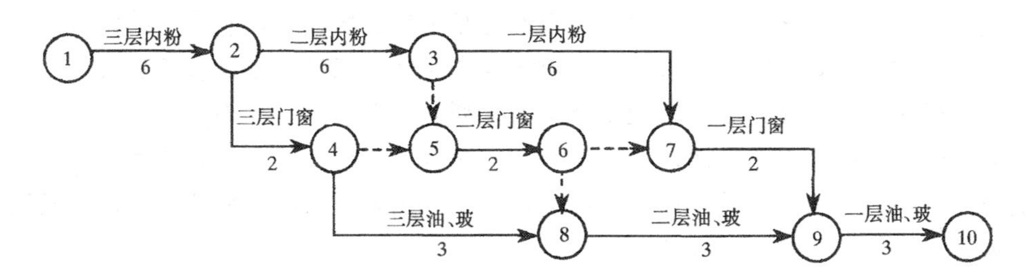

图 3-15　某装饰分部工程双代号网络计划

二、双代号网络计划时间参数的计算

双代号网络计划时间参数的计算，是网络计划技术内容之一，也是网络计划技术应用的基础工作。经计算确定计划中各项工作和各个节点的时间参数，从而明确整个计划的工期，显示各项工作的机动时间，并从工期的角度区别关键线路、关键工作与非关键线路、非关键工作，最终为该网络计划的执行、调整和优化提供必要的时间概念。

（一）网络计划时间参数计算的内容

网络计划时间参数计算的内容较多，一般可分为两大类：一类是节点的时间参数；另一类是工作的时间参数。

1. 节点时间参数及其符号

（1）ET_i——节点 ⓘ 的最早时间；

（2）LT_i——节点 ⓘ 的最迟时间；

2. 工作（或施工过程、工序）时间参数及其符号

（1）D_{i-j}——工作 $i-j$ 的施工持续时间或间歇时间；

（2）ES_{i-j}——工作 $i-j$ 的最早开始时间；

（3）EF_{i-j}——工作 $i-j$ 的最早完成时间；

（4）LS_{i-j}——工作 $i-j$ 的最迟开始时间；

（5）LF_{i-j}——工作 $i-j$ 的最迟完成时间；

（6）TF_{i-j}——工作 $i-j$ 的总时差；

（7）FF_{i-j}——工作 $i-j$ 的自由时差。

（二）网络计划各项时间参数的关系及其计算（节点计算法）

1．节点时间参数

（1）节点最早时间

节点最早时间是指该节点所有紧后工作的最早可能开始时刻。它应是以该节点为完成节点的所有工作最早全部完成的时间，若早于这个时间需调整或重排计划。

节点最早时间的计算方法是：从整个网络计划的起点节点（如①节点）开始，并假定起点节点最早时间为零，即 $ET_1=0$。起点节点后面任一节点的最早时间，等于其前面节点的最早时间加上其前面工作的持续时间，当该节点的前面节点有两个及两个以上时，取最大值。除起点节点外，其它节点的最早时间可用式（3-1）计算：

$$ET_j = \max\{ET_i + D_{i-j}\} \quad (i < j) \tag{3-1}$$

（2）节点最迟时间

节点最迟时间是指该节点所有紧前工作最迟必须完成的时刻。它应是以该节点为完成节点的所有工作最迟必须完成的时间。若迟于这个时间，原计划工期就要延误。

节点最迟时间的计算方法是：从整个网络计划的终点节点（如ⓝ节点）开始，并令终点节点的最迟时间等于总工期，即 $LT_n=T$。终点节点前面任一节点的最迟时间，等于其后面节点的最迟时间减去其后面工作的持续时间，当该节点的后面节点有两个及两个以上时，取最小值。可用式（3-2）计算。

$$LT_i = \min\{LT_j - D_{i-j}\} \tag{3-2}$$

2．工作时间参数

（1）工作最早开始时间与最迟完成时间

双代号网络计划中的节点表示其前面工作结束和后面工作开始的瞬间，由此可知：在一个双代号网络计划中，节点的最早时间也即反映了以该节点为开始节点的所有工作的最早开始时间；节点的最迟时间也即反映了以该节点为完成节点的所有工作的最迟完成时间。工作的最早开始时间与最迟完成时间可用式（3-3）计算。

$$\left.\begin{aligned} ES_{i-j} &= ET_i \\ LF_{i-j} &= LT_j \end{aligned}\right\} \tag{3-3}$$

（2）工作最早完成时间与最迟开始时间

工作的最早完成时间等于其最早开始时间加上本工作的持续时间，故：

$$EF_{i-j} = ES_{i-j} + D_{i-j} \tag{3-4}$$

工作的最迟开始时间等于其最迟完成时间减去本工作的持续时间，故：

$$LS_{i-j} = LF_{i-j} - D_{i-j} \tag{3-5}$$

（3）工作的总时差与自由时差

时差反映工作在一定条件下的机动时间范围。通常有总时差、自由时差等。

1）工作的总时差

工作的总时差是指在不影响计划总工期的前提下，工作所具有的机动时间。

机动时间的范围，是指一项工作从最早可能开始时间至最迟必须开始时间的时间段，工作在这一时间段内的任何一天开始，均不影响总工期。所以，工作 $i-j$ 的总时差可按式（3-6）计算：

$$TF_{i-j} = LS_{i-j} - ES_{i-j} = (LF_{i-j} - D_{i-j}) - ET_i = LT_j - ET_i - D_{i-j} \quad (3\text{-}6)$$

总时差主要用于控制工期和判别关键工作。凡是总时差为零的工作为关键工作，说明该工作不存在机动时间；总时差不为零的工作，为非关键工作，说明该工作存在机动时间。自始至终全部由关键工作组成的线路为关键线路。

2）工作的自由时差

工作的自由时差是指在不影响其紧后工作最早开始时间的前提下，一项工作可以利用的机动时间。具体地说，它是在不影响其紧后工作按照最早开始时间开工的前提下，允许该工作推迟其最早开始时间或延长其持续时间的幅度。这一幅度的大小可按式（3-7）计算。

$$FF_{i-j} = ES_{j-k} - ES_{i-j} - D_{i-j} \quad (j < k) \quad (3\text{-}7)$$

3）总时差与自由时差的关系

总时差为零的工作，其自由时差也为零；有总时差的工作，未必一定有自由时差；同一工作的自由时差小于或等于其总时差；总时差不但属于本项工作，且与前后工作有联系，它为一条线路所共有。也就是说，一旦利用了某项工作的总时差，就会影响该工作所在线路上的其他工作总时差的使用，而使用自由时差对后续工作没有影响。

三、网络计划时间参数图算法

网络计划时间参数计算的方法有多种，如分析计算法、图上计算法、矩阵法、表上计算法和电算法等，在此主要介绍图上计算法。

（一）时间参数标注图例

图上计算法是按照各项时间参数计算公式和程序，直接在网络图上进行计算，并把计算结果直接标注在图上。通常标注的方法是：节点时间参数标注在相应节点的上方或下方；工作时间参数标注在该工作箭线的上方或左侧，如图 3-16 所示。

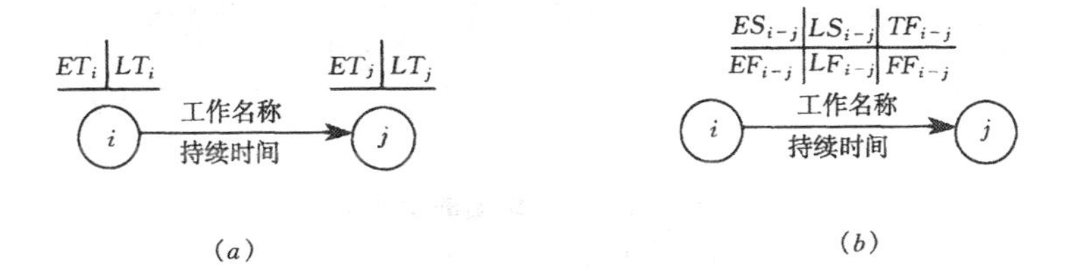

图 3-16　时间参数标注图例

（a）按节点计算法的标注内容；（b）按工作计算法的标注内容

注：当为虚工作时，图中的箭线为虚箭线。

（二）计算实例分析

【例 3-2】　如图 3-6 所示为某装饰工程网络计划。试用图上计算法计算各项时间参数，并直接在图上标注计算结果，确定关键线路。

【解】　1. 画出各项时间参数计算图例，并标注在网络图上。

2．计算各节点时间参数：

（1）节点最早时间参数 ET。假定 $ET_1=0$，利用公式（3-1），按节点编号递增顺序，顺着箭线方向依次逐项计算，并随时将计算结果标注在图例中标 ET 的相应位置。

（2）节点最迟时间 LT。假定 $LT_8=ET_8=33$，利用公式（3-2），从该网络计划的终点节点开始，逆着箭线方向依次逐项计算，并随时将计算结果标注在图例中标 LT 的相应位置。

节点时间参数计算结果如图 3-17 所示，本计划的计算工期 $T_c=ET_8=33$d。

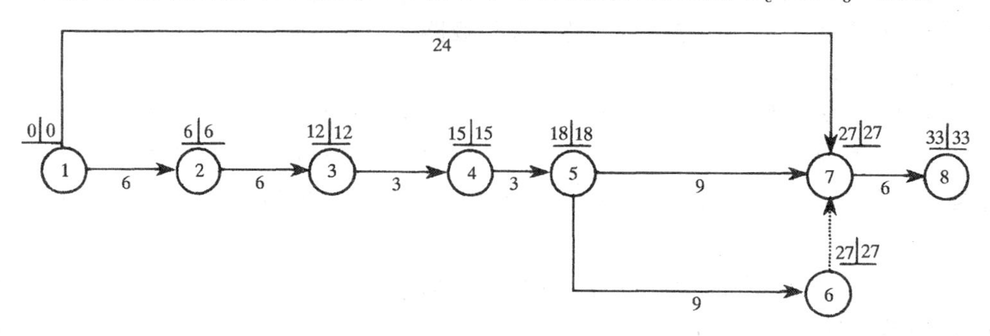

图 3-17　双代号网络图的图算法（节点计算法）

3．计算各项工作的时间参数。

工作时间参数可根据节点时间参数分别用公式（3-3）、式（3-4）、式（3-5）、式（3-6）、式（3-7）计算出来，并分别随时标注在图例中相应的位置上。

工作时间参数计算结果如图 3-18 所示，$T_c=EF_{7-8}=33$d。

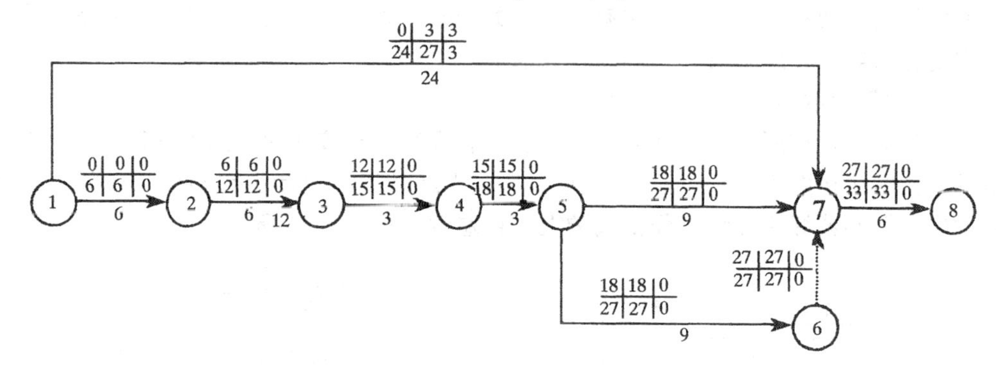

图 3-18　双代号网络图的图算法

注：按工作计算法的标注内容示例

4．确定关键线路。

总时差为零的工作所组成的线路为关键线路，并用该线路上节点的编号自小到大依次记述。本计划的关键线路有两条，一条是：①→②→③→④→⑤→⑦→⑧；另一条是：①→②→③→④→⑤→⑥→⑦→⑧。

【例 3-3】　试用图上计算法计算图 3-15 所示双代号网络计划的各项时间参数。

【解】　按上述计算步骤，计算结果如图 3-19、图 3-20 所示。

$$T_c=ET_{10}=EF_{9-10}=23\text{d}$$

关键线路为：①→②→③→⑦→⑨→⑩

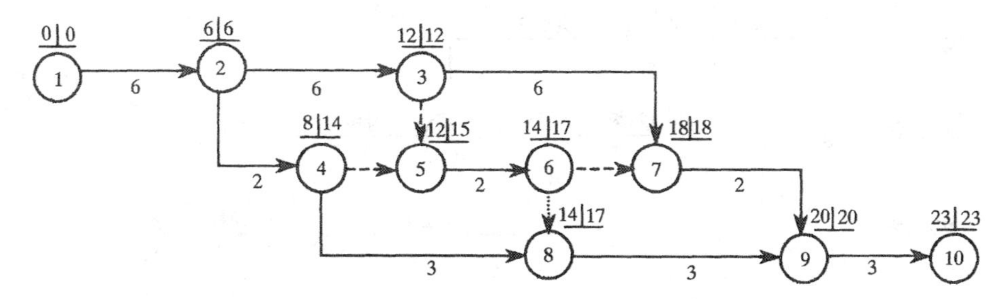

图 3-19　双代号网络图的图算法（节点计算法）

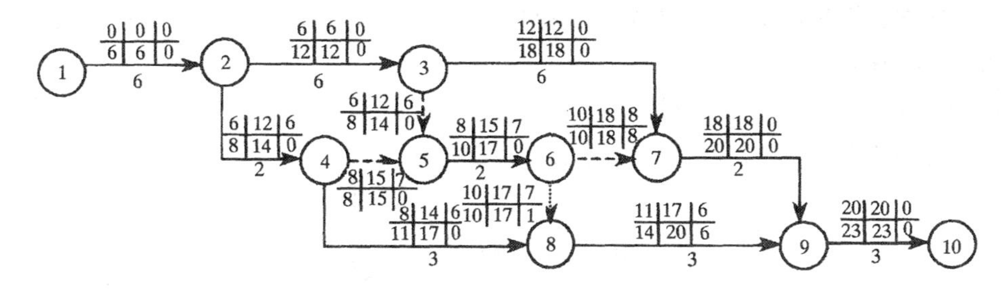

图 3-20　双代号网络图的图算法

注；按工作计算法的标注内容示例

四、双代号网络计划的排列方法

建筑装饰工程网络计划的排列方式，应根据不同的工程情况、不同的施工组织方法及使用要求，采用不同的排列方法，使网络计划层次清晰。这样，既便于施工组织者掌握，又便于对网络计划进行检查和调整。

在编制施工网络计划时，其排列方法一般有以下几种：

（一）混合排列（见图 3-21）

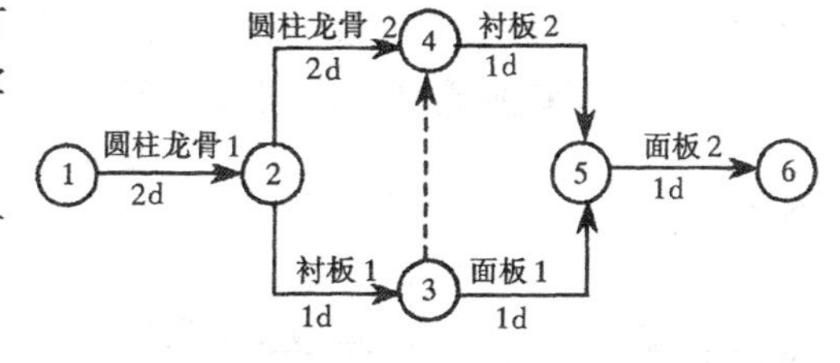

图 3-21　混合排列

网络计划的这种排列方式，看起来对称美观，但在同一方向既有不同工种的作业，也有不同施工段中的作业，一般用于较简单的网络计划。

（二）按施工段（流水段）排列（见图 3-22）

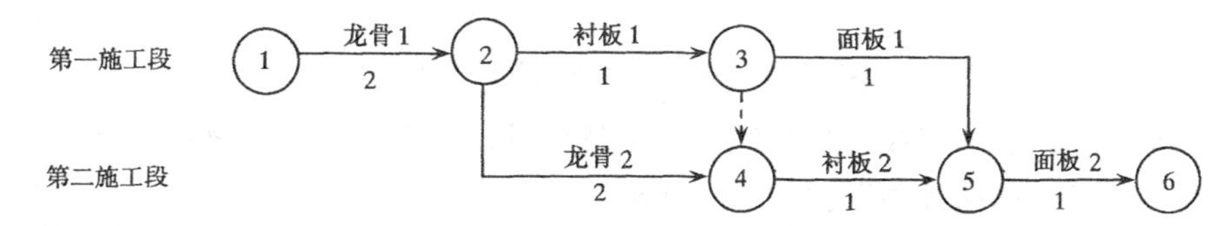

图 3-22　按施工段排列

这种排列方法把同一施工段的作业排在同一条水平线上，能反映出装饰工程分段施工的特点，突出表示工作面的利用情况。

（三）按工种（施工过程）排列（见图 3-23）

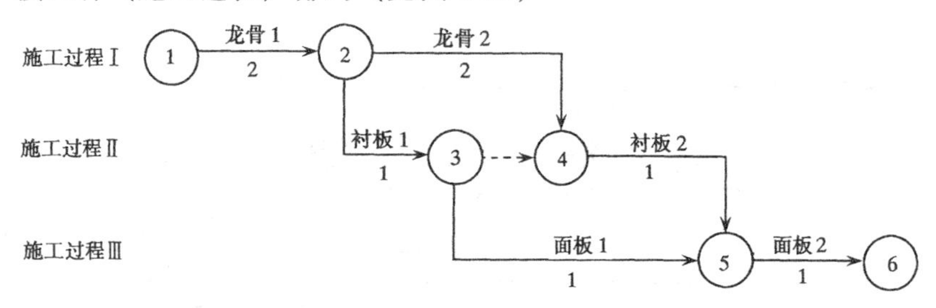

图 3-23　按施工过程（工种）排列

这种排列方法把相同的施工过程（工种）排在同一水平线上，能突出不同施工过程（工种）的工作情况。

（四）按楼层排列（见图 3-24）

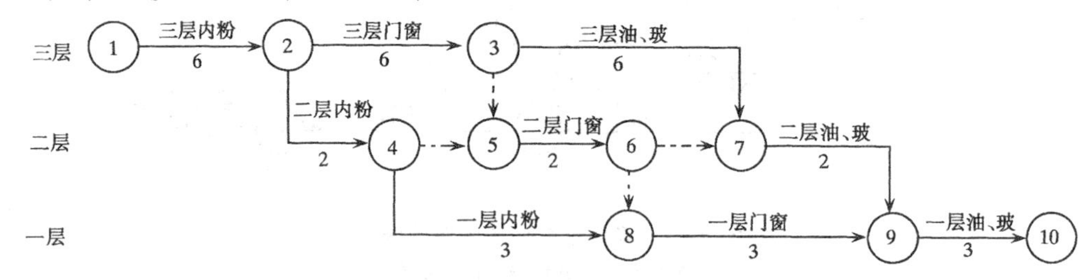

图 3-24　按楼层排列

这是一个室内装饰工程的三道工序按楼层由上到下进行施工的网络计划。在分段施工中，当若干道工序沿着楼层展开时，其网络计划常按楼层排列。

（五）按施工专业或单位排列（见图 3-25）

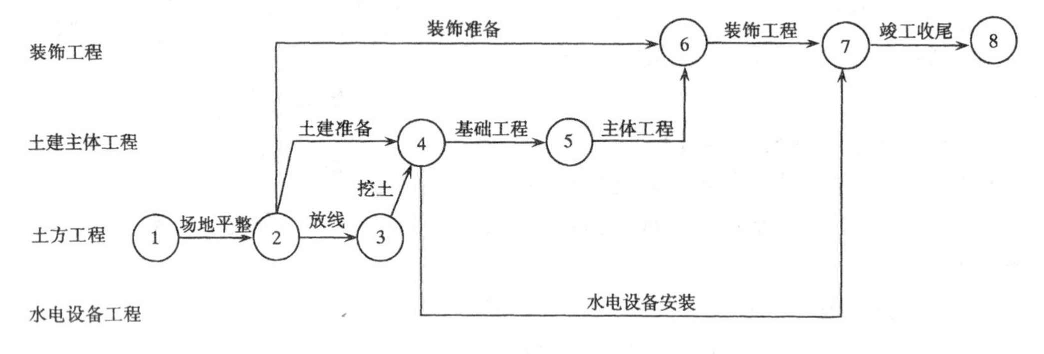

图 3-25　按施工专业或单位排列

有许多施工单位参加完成一项工程的施工任务时，为便于各施工单位对自己负责的部分有更直观的了解，网络计划可按此方法排列。

五、双代号时标网络计划

双代号时标网络计划（简称时标网络计划）是以时间坐标尺度绘制的网络计划。时标的时间单位根据需要在编制计划时确定，可为天、周、旬、月或季等。

（一）时标网络计划的编制

时标网络计划可按最早时间或最迟时间编制，在实际工程中宜按最早时间编制。

编制时标网络计划之前，应先按一定的时间单位绘出时标计划表。时标可标注在时标计划表的顶部或底部，必要时，可在顶部时标之上或底部时标之下加注日历的对应时间（见表 3-5）。

时标网络计划表 **表 3-5**

日　历																				
（时间单位）	1	2	3	4	5	6	7	8	9	10	11	12	13	14	15	16	17	18	19	20
网络计划																				
（时间单位）	1	2	3	4	5	6	7	8	9	10	11	12	13	14	15	16	17	18	19	20

编制时标网络计划应先绘制无时标网络计划草图，然后按下列方法逐步进行：

1. 将起点节点定位在时标计划表的起始刻度上；

2. 按工作持续时间在时标计划表上绘制起点节点的外向箭线；

3. 除起点节点以外的其它节点必须在其所有内向箭线绘出以后，定位在这些内向箭线中最早完成时间最迟的箭线末端，其它内向箭线长度不足以到达该节点时，用波形线补足；

4. 用上述方法自左至右依次确定其它节点位置，直至终点节点定位绘完。

（二）关键线路和时间参数的确定

1. 关键线路的确定

时标网络计划关键线路的确定，应自终点节点逆箭线方向朝起点节点观察，自始至终不出现波形线的线路为关键线路。

2. 时间参数的确定（按最早时间绘制的时标网络计划）

（1）每条箭线箭尾和箭头所对应的时标值应为该工作的 ES 和 EF；箭线后波形线的水平投影长度代表了该工作的自由时差 FF（可直接观察）。

（2）各工作的 LS、LF 和 TF 值，仍需通过前述的计算方法计算确定。

（三）示例

图 3-26 是将图 3-6 按最早时间绘制的时标网络计划。

六、装饰工程网络计划的编制

编制装饰工程施工网络计划，有它自身的规律，按合理的程序编制网络计划，就可以不走或少走弯路，也能使计划的执行具有可操作性。装饰工程施工网络计划编制的步骤一般是：首先制定施工方案，确定施工顺序；然后划分工序，确定工作名称及其内容；计算各项工作的工程量、劳动量（或机械台班量），确定各项工作的持续时间；根据施工方案所定的施工顺序（逻辑关系），绘制网络计划草图，即初排网络计划；计算网络计划时间参数，确定关键线路；调整与优化网络计划，绘制正式网络计划。

（一）编制网络计划的具体步骤

1. 制定施工方案，确定施工顺序

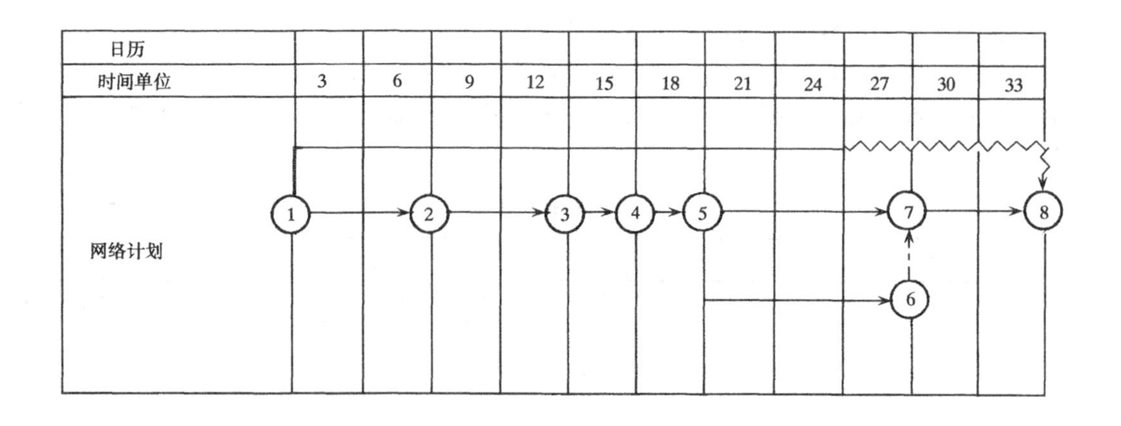

图 3-26 时标网络计划

施工方案决定工程施工的顺序、施工方法和资源供应方式等，是编制网络计划的基础。施工方案的合理与否，将直接影响工程施工的进度、质量和施工成本的高低等，故在确定施工方案时，应结合该装饰工程实际情况，合理地确定各工作的施工顺序（逻辑关系），应尽量争取时间，充分利用空间，均衡使用资源，保证在合同规定的工期内完成。

2. 划分工序，确定工作项目

网络计划工作项目的名称和工作内容主要来源于现行的有关定额内的项目。为了所编制的施工网络计划直观明了，在编制施工网络计划时，工作项目的数目往往要比定额所含的数目要少一些，即有些工程量小、作业时间短的项目，宜合并到相邻的工作中去。如：木地板打磨工序可合并到面板油漆工序中去；门窗五金件安装的工序可合并到门窗扇安装的工序中去。

3. 计算工程量和劳动量，确定工作项目的持续时间

工作项目持续时间的长短主要取决于该工作所需的劳动量，而劳动量的大小主要取决于该工作项目工程量的多少。工作项目持续时间的确定通常采用“经验估计法”和“定额计算法”。经验估计法，即根据以往的施工经验进行估计，此法多适用于采用新工艺、新方法、新材料等而无定额可循的工程。采用定额计算法时，工作持续时间可按下式计算。

$$D = \frac{Q}{RSb}$$

式中 D——工作持续时间，可以用月、周、天等表示；

Q——工作的工程量；

R——施工班组的人数或机械台数；

S——产量定额，以单位时间内完成的工程量表示；

b——每天工作的班制数。

4. 绘制初始网络计划

根据施工方案、已定的各项工作之间逻辑关系及经计算所得的工作持续时间，绘制初始网络计划。绘制时应合理构图，将节点编号、工作名称及持续时间按规定标注图上，并使图面排列恰当，布局整齐、清晰，便于指导施工。

5. 计算网络计划时间参数，确定关键线路

计算时间参数的目的是找出初始计划的关键线路，并从时间安排的角度去考察初始网络计划的可行性。

6. 调整优化，确定正式网络计划

根据工期、资源供应等要求，对初始网络计划进行调整优化，使其符合工期要求与资源限制条件，并正式绘制可行的网络计划。

第三节　单代号网络计划

单代号网络计划是以单代号网络图表示的计划。能正确绘制单代号网络图是编制单代号网络计划的基础。

一、单代号网络图的绘制

(一) 绘图规则

单代号网络图和双代号网络图的区别仅在于绘图的符号不同，而两者所代表的计划内容是一致的。因此，在双代号网络图中所说明的绘图规则，对单代号网络图原则上都适用。如：必须正确表达已定的逻辑关系；严禁出现循环回路；严禁出现双向箭头或无箭头的连线；严禁出现没有箭尾节点的箭线和没有箭头节点的箭线；只应有一个起点节点和一个终点节点等。所不同的是，单代号网络图中有多项开始工作或多项结束工作时，应在网络图的两端分别设置一项虚工作，作为该网络图的起点节点（S_t）和终点节点（F_{in}），如图 3-27 所示。

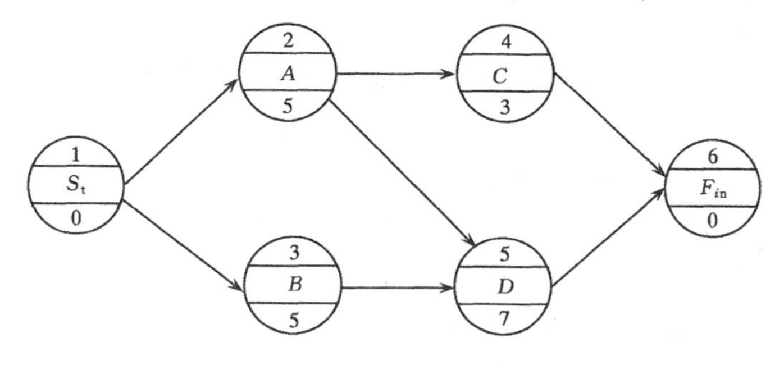

图 3-27　某单代号网络图

单代号网络图绘制要求与布图方法也同双代号网络图基本一致。尽量使图面层次清晰、布局合理。由于单代号网络图中无需虚箭线，故绘制更为便捷。

(二) 绘图示例

【例 3-4】　根据表 3-4 所示的某装饰分部工程内各施工过程之间的逻辑关系，绘制单代号网络图。

用单代号网络图表示已定的逻辑关系如图 3-28 所示。

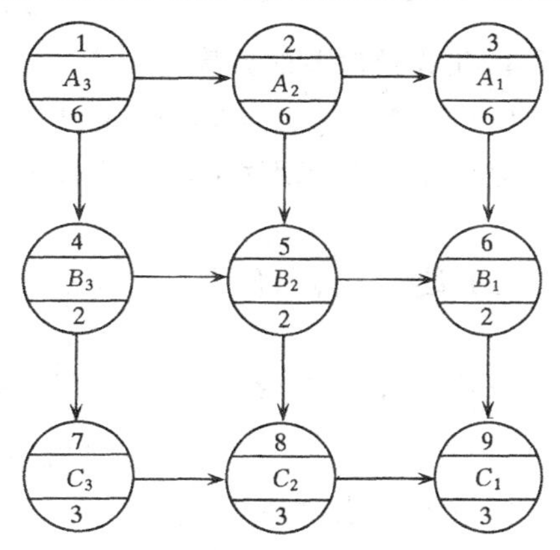

图 3-28　某装饰分部工程单代号网络计划

注：A—各层内粉；B—各层门窗安装；C—各层油、玻

二、单代号网络计划时间参数的计算

由于单代号网络计划是以节点表示工作，以箭线表示工作之间逻辑关系的，所以，单代号网络计划中节点的时间参数即为双代号网络计划中的工作时间参数。下面介绍单代号网络计划时间参数的图算法。

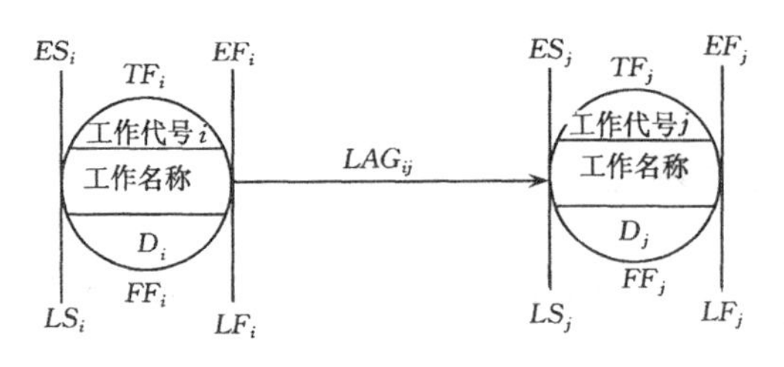

图 3-29　时间参数的标注形式

（一）时间参数标注图例

单代号网络计划的时间参数基本内容和形式按图 3-29 所示的方式标注。

图中，LAG_{ij}——相邻两项工作 i 和 j 之间的时间间隔。

（二）时间参数的计算

单代号网络计划时间参数的计算步骤主要有两种。其中一种步骤是：先计算最早开始和最早完成时间，再计算时间间隔，根据时间间隔计算自由时差和总时差，再根据总时差计算最迟开始时间和最迟完成时间。

1. 工作最早开始时间的计算

（1）工作 i 的最早开始时间 ES_i 应从网络图的起点节点（即开始工作）开始，顺着箭线方向依次逐项计算；

（2）当起点节点 i 的最早开始时间 ES_i 无规定时，其值应等于零，即：

$$ES_i = 0 \qquad (i = 1) \tag{3-8}$$

（3）其他工作的最早开始时间 ES_i 应为：

$$ES_i = \max\{EF_{\mathrm{h}}\} \quad (h < i) \tag{3-9}$$

或

$$ES_i = \max\{ES_{\mathrm{h}} + D_{\mathrm{h}}\}$$

2. 工作 i 的最早完成时间应按下式计算：

$$EF_i = ES_i + D_i \tag{3-10}$$

3. 相邻两项工作 i 和 j 之间的时间间隔 LAG_{ij} 按下式计算：

$$LAG_{ij} = ES_j - EF_i \tag{3-11}$$

4. 工作总时差的计算

（1）工作 i 的总时差 TF_i 应从网络计划的终点节点开始，逆着箭线方向依次逐项计算。但部分工作分期完成时，有关工作的总时差必须从分期完成的节点开始逆向逐项计算；

（2）终点节点所代表工作 n 的总时差 TF_{n} 值应为：

$$TF_{\mathrm{n}} = T_{\mathrm{C}} - EF_{\mathrm{n}} \qquad (T_{\mathrm{P}} = T_{\mathrm{C}}) \tag{3-12}$$

（3）其他工作 i 的总时差 TF_i 应为：

$$TF_i = \min\{TF_j + LAG_{i,j}\} \tag{3-13}$$

5. 工作自由时差的计算

（1）终点节点所代表工作 n 的自由时差 FF_{n} 应为：

$$FF_{\mathrm{n}} = T_{\mathrm{C}} - EF_{\mathrm{n}} \qquad (T_{\mathrm{P}} = T_{\mathrm{C}}) \tag{3-14}$$

（2）其他工作 i 的自由时差 FF_i 应为：

$$FF_i = \min\{LAG_{i,j}\} \tag{3-15}$$

6. 工作最迟完成时间的计算

(1) 工作 i 的最迟完成时间 LF_i 应从网络计划的终点节点开始，逆着箭线方向依次逐项计算。

(2) 终点节点所代表的工作 n 的最迟完成时间 LF_n，应按网络计划的计划工期 T_P 确定，即：

$$LF_n = T_P \tag{3-16}$$

或 $$LF_n = T_C \qquad (T_P = T_C)$$

(3) 其他工作 i 的最迟完成时间 LF_i 应为：

$$LF_i = \min\{LS_j\} \tag{3-17}$$

或 $$LF_i = EF_i + TF_i$$

7. 工作最迟开始时间 LS_i 可按下式计算：

$$LS_i = LF_i - D_i \tag{3-18}$$

或 $$LS_i = ES_i + TF_i$$

【例 3-5】 图 3-30 是单代号网络计划时间参数图上计算法实例。具体计算步骤（略），关键线路为：①→②→⑤→⑥→⑨。

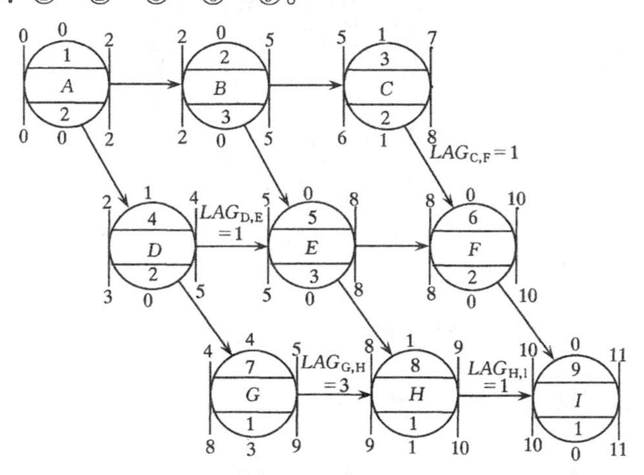

图 3-30 单代号网络计划的图算法

注：LAG=0 的未注出

＊第四节 计算机在网络计划编制中的应用

随着我国建筑装饰业的发展，计算机在网络计划编制中的应用越来越广泛。本节主要介绍工程进度控制和一种比较常用的工程软件。

一、计算机进行网络计划的控制

现代建筑装饰工程项目规模巨大、组成结构日趋复杂、资金密集、技术条件要求高、受自然条件影响大，这就要求项目施工管理人员在拟定合理的网络计划指导工程实施的同时，要根据计划详细地计算资源的需求量及需求频率，以保证人力、材料、物资、设备等能按时供应；在计划执行的过程中，要经常地、定期地收集各种进度信息资料，便于随时掌握进度的动态；还需要对进度出现偏差时进行及时地分析，提出合理的整改措施，对计划进行修改调整，以保证进度目标的实现。很显然，要实现网络计划的编制、优化、检查、分析、调整等一系列的动态控制过程，除了要求管理人员具备有一定的专业知识和管理能力外，还需要采用现代化的管理手段和方法，对管理过程中采集到的大量的数据，进行加工处理，以期向有关管理部门报告计划进度目标与项目实际进度完成情况，对此进行预测分析，提出相应的整改措施。

网络计划控制主要是以网络计算技术为基础的，包括计划的编制、优化、检查、分析、调整等过程。在项目实施之前，利用计算机可以编制网络进度计划并对其进行优化；在项目实施过程中，可以利用计算机对计划执行情况进行跟踪检查、调整。

（一）计算机辅助网络进度计划控制系统

计算机辅助网络进度计划控制系统的功能较多，其主要功能如图 3-31 所示。

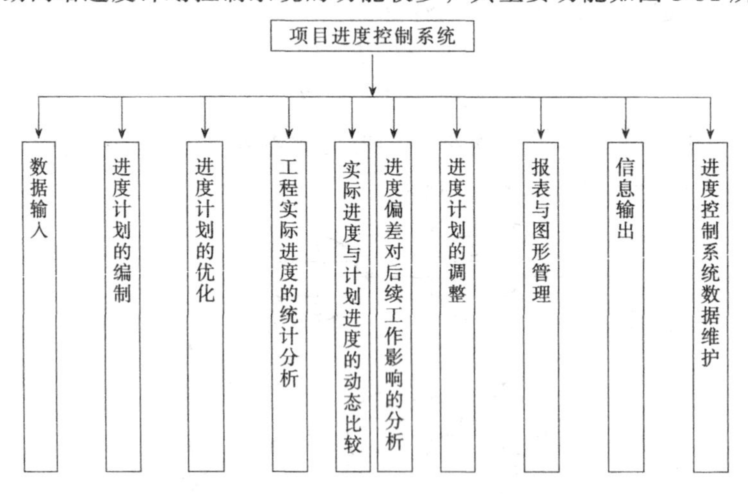

图 3-31　计算机辅助项目进度控制系统的功能

（二）利用计算机编制网络进度计划的要点

1. 生成网络图

具体步骤是：首先输入各工作名称、编号、逻辑关系（紧前工作或紧后工作），计算机自动生成该工程的网络进度计划图；然后对生成的网络图进行必要的检查，主要应根据绘制网络的基本规则，检查生成的网络是否存在有违反规则的错误，并指出错误之处，进行确认。

2. 输入初始网络数据

在计算网络参数以前，需要输入初始网络数据，主要包括各工作的持续时间（正常时间）、极限时间、正常费用、极限费用、资源量、工期期限以及资源限制等。

3. 网络参数计算

网络时间参数主要包括各工作的最早可能开始时间、最迟必须开始时间、最早可能完成时间、最迟必须完成时间、总时差以及自由时差。还可确定网络计划的总工期和关键线路。当采用群体多级网络时，除了计算各子网络的时间参数外，还需计算综合网络的时间参数。

4. 日历时间的确定

在实际工作中，常常习惯于使用日历时间表达各工作的进度计划。而网络计划的时间参数是以开工时间为零或某一确定值计算的。使用计算机，可以按照开工日期，把各工作的时间参数转换成日历时间，其中可根据需要将星期天以及节假日的休息时间自动扣除。目前，计算机专门配置了绘图仪器，还开发了专业软件，可以直接绘制出网络图。

利用计算机辅助项目进度控制，还可进行网络计划的优化、实际进度与计划进度的动态分析、进度偏差对工程总工期及后续工作影响分析与进度计划的调整等。但不论采用何种功能及应用何种软件，均应以掌握网络计划技术的基本知识为基础。

二、常用软件（Microsoft Project2000）

（一）Microsoft Project2000

1990 年，Microsoft 公司借助其推出 Windows3.0 操作环境的优势，首家开发出运行于 Windows 环境的项目管理软件，即 Microsoft Project V1.0 for Windows。该软件的推出，开创了项目管理软件发展的新纪元，它具有比 DOS 版软件图表美观、自定义图表格式、操作方便、多窗口等方面的明显优势，加之 1990 年下半年 Windows3.0 风靡美国和欧洲，使该软件迅速占领了美国等西方国家项目管理软件的市场，使得其他优秀项目管理软件公司纷纷仿效，随其之后开发、推出运行于 Windows 环境下的项目管理软件。

Microsoft 公司为保持优势，于 1992 年 2 月又推出 Proiect 3.0 for Windows，它功能更强大、操作更方便、图表更美观，强大的成本统计和多资源优化，以及更多更方便的自定义格式图表等等。随后，又陆续推出了 Proiect4.0 和 Proiect98。

美国微软公司付出相当人力、财力，推出了 Microsoft Project2000。显示微软对广大项目管理软件用户接受和认可 Microsoft Project2000 充满信心。

一套能够实现工程项目进度管理及资源监控的项目软件一直是工程人员的目标。Microsoft Project2000 是适合目前国内工程项目现状及项目管理人员习惯的项目管理（网络计划）软件，是工程项目管理人员的好帮手。

总的来说，Microsoft Project2000 是一个智能工具。使用它来编制计划，将繁琐的计算变得简单，极大提高了工作效率。

（二）应用 Microsoft Project2000 编制进度计划的操作过程

利用 Microsoft Project2000 编制项目进度计划是该软件的基本功能，整个编制过程可分为以下 15 个步骤：

1. 设定用户格式与操作环境

这一步只要做一次就可以了。所有设置一旦选定，它就一直有效，除非再次对之作出修改。虽然软件给出的默认值是根据美国项目管理环境确定的，但其中大部分能满足要求。

可以选菜单行中的“工具”，然后再选“选项”来设定所需要的格式和操作环境。在选项下有 9 个选项卡，当想选用其中某个选项卡时用鼠标单击它即可。

可能要改变的三个常用参数是：(1) 图式（View）(2) 计划进度（Schedule）(3) 日历（Calendar）。如果希望保存这些设置，则可选择“设置为默认值（Set as Default)”。

(1) 视图的设定

默认的进度计划是横道图（又称甘特图）。日期格式应尽量简短，以便减少打印空间、改善图面效果。

选菜单行中的“工具”，然后再选“选项”，在“视图”选项卡中选定默认的进度计划为横道图，日期格式尽量简短。

(2) 日历的设定

一般情况下，每周从星期日开始。财政年度一般从每年的1月开始。默认每天的工时是8小时，每周40工时，每月20个工作日。默认每周5个工作日，这个默认值可以在工具菜单中加以修改。在菜单行中选择工具，然后选择更改工作时间，可以将某一个默认的休息日改为工作日，也可以将所有的默认的休息日改为工作日。

1) 选择日历中要更改的工作日或日期。

如果要更改日历中一周的某天的工作时间（例如，要求星期四在3:00结束)，请单击日历上方该天的日期缩写。

如果要改变所有工作日（例如，如果工作日从8:00开始)，请单击第一天上方的日期缩写，然后按下Shift键并单击最后一天上方的日期缩写。

2) 单击“使用默认设置”、“非工作日”或“非默认工作时间”单选钮。

将每周的周六、周日改为工作日。

2. 设置项目基本信息

在菜单行中选择文件，然后选择属性。在属性中共有五个选项卡，选中摘要信息。在摘要信息中可以输入标题、主题、作者、经理、单位等。

在菜单行中选择项目，然后选择项目信息。在项目信息中关键是确定按什么顺序安排项目进度（日程排定方法)，即是从项目开始之日起，还是从项目完成之日起。选定了日程排定方法，接下来就要输入项目的开始日期（对应于从项目开始之日起）或完成日期（对应于从项目完成之日起)。

在摘要信息中可以输入标题、主题、作者、经理、单位等。在项目信息中确定项目进度的安排方法为“从项目开始之日起”，项目开始日期定为2002年3月28日。

3. 确定工作分解结构

在将整个工程分解为具体的施工工序之前将工程分解为若干个较粗的汇总工序。如教学楼这个工程可以分解为地基与基础、主体结构、建筑装饰、给排水及建筑电气工程等几个汇总工序。

点击甘特图，在任务名称中输入汇总工序的名称。注意现在屏幕上所有工序的持续时间均为一工作日，这个默认值用于防止被零除运算。横道图上也表示为一天；每个工期之后都带一个“?”后，它表示的是估算工期，如不是估算工期可将“?”删除。

4. 输入详细工序名称

在上面确定的工作分解结构中添加详细工序。详细工序是构成项目进度计划的基本单元，需要输入各种详细数据，用于表达项目实施计划的细节；而汇总工序则不需要输入任何数据，它的用途仅仅是说明工作分解结构。简言之，汇总工序表明项目的结构，而由详细工序表达所有的基本信息。

输入详细工序时，先把光标移到相应汇总工序的下一行，按INSERT键，然后在刚插入的空白行中输入工序名称，输完后按回车键，并利用缩进功能键，将其作为相应汇总工序的详细工序。缩进功能键是概要功能图标行上一个指向右方的蓝色箭头。Microsoft

Project2000 允许缩进多个层次。注意，只有最底层的工序才是详细工序。

在 Microsoft Project2000 中有另一种缩进方法，即把光标移到工序名称上，然后向右牵引鼠标以改变层次。此时，首先将光标移到欲设为详细工序的工序上，按住鼠标左键并拖动，此时，光标将变为双向箭头。向右拖动，降低工序层次；向左拖动，提高工序层次。

输入详细工序后，就形成了项目的 WBS 结构。此后，可以利用概要功能图标行上的“打开（+）”和“隐含（-）”功能键决定显示项目的详细程度。把光标移到某个汇总工序上，并在工具行上点击相应的功能键，就可以打开或隐含详细工序。选定相应工序（点击工序的标识号），双击鼠标左键，效果相同。

输入项目分解结构为：

支 1
支 2
筋 1
支 3
筋 2
混凝土 1
筋 3
混凝土 2
混凝土 3

5. 输入工序持续时间

详细工序持续时间的估算十分重要。进度计划的质量取决于详细工序时间资料的质量。在课程学习时详细工序持续时间是直接给定的。

Microsoft Project2000 中共有三种输入工序持续时间的方法：

(1) 单击“视图”菜单中的“甘特图”命令，在表格的“工期”列中直接输入。

(2) 选定任务，单击“项目”菜单中的“任务信息”命令，在“工期”栏中输入相应的工期。

(3) 鼠标左键双击相应的任务，弹出“任务信息”对话框，在“工期”栏中输入相应的工期。

编制进度计划时，只需知道详细工序的持续时间，软件就可以根据这些持续时间，按照工序的层次顺序自动计算出各个汇总工序的持续时间，并计算出整个项目所需要的时间，即总工期。千万不要为汇总工序输入持续时间。

持续时间为 0 的“工序”称为里程碑。里程碑的用途是指关键日期、重要事件和限期完成的事件。

输入项目持续时间为：

支 1　　3 工作日
支 2　　3 工作日
筋 1　　3 工作日
支 3　　3 工作日
筋 2　　3 工作日

混凝土 1	2 工作日
筋 3	3 工作日
混凝土 2	2 工作日
混凝土 3	2 工作日

6. 确定工序之间的逻辑关系

每个详细工序的开始取决于它的前导工序（前置任务、紧前工作）。紧前工作与当前工作之间最常见的关系是“结束——开始（*FS*）”，即紧前工作的结束是当前工作开始的条件。可用以下方法把各工作之间的逻辑关系输入软件中：

（1）将鼠标移到选定的详细工序上，双击鼠标左键，出现“任务信息”对话框，在前置任务选项卡中输入前置任务的标识号、任务名称、类型、延隔时间。延隔时间即工序之间的技术、组织间隙时间（输入正值）或搭接时间（输入负值）。

（2）按以下步骤操作

1）单击“视图”菜单中的“甘特图”命令。

2）在“任务名称”域中，按照链接顺序选择要链接的两项或多项任务。要选择相邻的任务，按住 Shift 键，然后单击需要链接的第一项和最后一项任务。要选择非相邻的任务，按住 Ctrl 键，然后依次单击需要链接的任务。

3）单击“链接任务”按钮。

4）如果需要改变任务链接，双击需要修改的任务之间的链接线。会弹出“任务相关性”对话框。如果弹出的是“设置条形图格式”对话框，那么您未能准确地双击任务链接线，这里需要关闭这个对话框然后再次双击任务链接线。

5）在“类型”文本框中，选择所需的任务链接类型，然后单击“确定”按钮。如果需要取消任务链接，请在“任务名称”域中选择需要取消链接的任务，然后单击“取消任务链接”按钮。这些任务将会根据与其他任务的链接或限制重新安排日程。

（3）直接在当前工作的“前置任务”域中输入前置任务的标识号

输入项目逻辑关系为：

任务名称	前置任务
支 1	
支 2	支 1
筋 1	支 1
支 3	支 2
筋 2	支 2、筋 1
混凝土 1	筋 1
筋 3	支 3、筋 2
混凝土 2	筋 2、混凝土 1
混凝土 3	筋 3、混凝土 3

7. 检查网络逻辑关系

在编制进度计划时，很重要的一点是确保工序之间的逻辑关系明确，并构成一个网络。检查网络计划的逻辑关系主要是依据网络图绘制的基本规则及要求、工作之间的基本逻辑关系。

检查、修改网络逻辑关系的直接方法是利用网络图。在菜单行中选择“视图”，然后选网络图，调出网络图。单击鼠标右键，选择“版式”，在弹出的对话框中修改部分选项。在“放置方式”中选定“允许手动调整方框的位置”，在“链接样式”中选择“直线链接线”。确定后可以移动某些工序节点位置，使网络图更为整齐和清楚。如果想恢复移动工序位置前的原始网络图，则可单击鼠标右键，在弹出的菜单中选择“立即设置版式”。

8. 资源分配和资源均衡优化（略）

9. 输入费用数据（略）

10. 设置横道图格式

系统默认的横道图中并不区分“关键工序”和“非关键工序”，但 Project 提供了一个特殊的功能“甘特图向导”可以很容易地设置横道图中关键工序的横道样式。选定甘特图，在空白处单击鼠标右键，在弹出的菜单中选择“甘特图向导”，然后按照提示一步一步进行设置。

在横道图格式中还要定出额外的横道表示工序其他信息，如总时差、基准进度等。下面以设置总时差横道为例：

用鼠标双击横道区域的任一位置，调出对话框；移至对话框中的最后一行，在名称项输入“总时差”；将光标移至外观项，选择横道的形状、颜色和图案；在任务种类项选择“标准”；在行项输入“1”；在从项和到项中分别从选择框中选择（不要键入）“完成时间”和“最迟完成时间”。

根据甘特图向导设置横道图的样式，设置额外的横道表示总时差。

11. 修改时间坐标

用鼠标双击时间坐标区域，或单击菜单栏“格式”选定“时间刻度”，接下来就可以对项目的时间进行更为精确的计划。可以修改“主要时间刻度”和“次要时间刻度”等。如有必要，还可以调整“缩放”后面的百分数，以调整每一格时间坐标的大小，从而设置横道图适宜的打印或显示页数。

12. 确定外加约束（时限）

Microsoft Project2000 以“最早开始”为基础编制项目进度计划，以保证逻辑关系上的一致性。

13. 将当前计划设置为基准计划

编制进度计划的目的，是把它作为项目的一个基准进度计划，通过跟踪和检查项目实际实施情况，将基准计划进度与项目要求进度、时间进度不断进行比较、分析、预见和调整，并采取必要的措施，保证项目按要求完成。因此需要设置一个基准进度计划，从菜单行中选择“工具”，然后选“跟踪”，最后选定“保存比较基准”。设置完基准计划后，就可以进入进度控制模式。

14. 打印报告（略）

15. 保存进度计划和基础数据（略）

思考题与习题

3-1　什么是网络图？什么是网络计划？什么是网络计划技术？

3-2　双代号网络图中实箭线与虚箭线有什么不同？虚箭线可起哪些作用？

3-3　简述双代号网络图与单代号网络图中三要素的异同点。

3-4　简述网络图的绘制原则。

3-5　何谓逻辑关系？网络计划有哪两种逻辑关系？有何区别？

3-6　试述工作总时差与自由时差的含义及其区别。

3-7　简述一般网络计划与时标网络计划的区别。

3-8　施工网络计划有哪几种排列方法？各种排列方法有何特点？

3-9　已知网络图的资料如下列各表所示，试绘制双代号网络图，并将双代号网络图改成单代号网络图。

（1）

工　作	A	B	C	D	E	F	G	H
紧前工作	—	A	B	B	B	C、D	C、E	F、G
紧后工作	B	C、D、E	F、G	F	G	H	H	—

（2）

工　作	A	B	C	D	E	F	G
紧前工作	D、C	E、G	—	—	—	G、D	—

（3）

工　作	A	B	C	D	E	H	G	I	J
紧前工作	E	H、A	J、G	H、I、A	—	—	H、A	—	E

3-10　根据下图所示的网络图，计算各时间参数，并在图上标出关键线路。

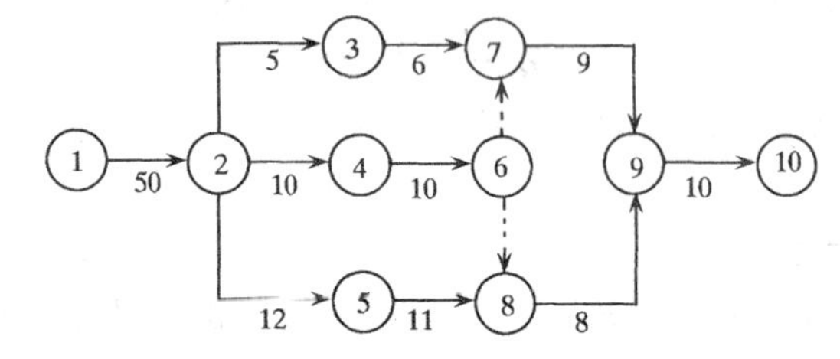

3-11　根据下表所列数据，绘制单代号网络图，并计算各时间参数和工期。

工　作	A	B	C	D	E	F	G	H
持续时间	2	4	10	4	6	3	4	2
紧前工作	—	—	A	A、B	B	C、D	D、E	F、G
紧后工作	C、D	D、E	F	F、G	G	H	H	—

第四章　单位装饰工程施工组织设计

组织一个单位装饰工程的全部施工活动，如同组织一场战役一样，要想取得战斗的胜利，就必须在打仗前，在知己知彼的前提下，拟定一个周密的作战计划方案。同样，在单位装饰工程施工前，必须进行调查了解，搜集有关资料，掌握工程性质和施工要求（工期、质量、成本等），结合施工条件和自身状况，拟定一个切实可行的装饰工程施工计划方案。这个计划方案就是单位装饰工程施工组织设计。本章主要叙述单位装饰工程施工组织设计的编制内容和方法，使学生掌握单位装饰工程施工组织设计的基本内容，能完成施工方案、施工平面图的设计，能编制施工进度计划及资源需用量计划。

第一节　单位装饰工程施工组织设计的概念

单位装饰工程施工组织设计是以单位装饰工程（如一座公共建筑、一栋高级公寓）或一个合同内所含全部装饰项目为对象，具体指导其施工全过程的技术经济文件。它既是施工单位组织、指导装饰工程施工的依据，又是编制月、旬施工作业计划，劳动力、材料和施工机具需用量计划和装饰工程施工方案或作业设计的依据。在编制过程中，要根据建筑装饰工程施工图和设计要求，从人力、物力等各要素着手，在组织劳动力、专业协调、空间布置、材料供应和时间排列等方面，进行科学合理的部署，以达到耗工少、工期短、质量高、成本低、业主满意的目的。

单位装饰工程施工组织设计一般在图纸会审、设计交底后，由直接组织施工的基层单位有关人员进行编制，并根据装饰工程项目的大小，分别报上级部门、建设单位或监理机构审批。

一、单位装饰工程施工组织设计的编制依据

1. 主管部门的有关批示文件及要求

如上级主管部门对该工程的批示，建设单位对质量、工期等的要求，以及施工合同的有关规定等。

2. 经过会审的施工图

包括本工程经过会审以后的全部施工图纸、装饰效果图、设计交底会议纪要、设计单位变更或补充设计的通知、“深化设计”图以及有关标准图集等。如果是较复杂的工程，还需要建筑电气、给排水与采暖、通风与空调等设计图纸。

3. 施工时间计划

如工程的开工、竣工日期的规定，以及其他穿插项目施工的要求等。

4. 施工组织总设计

如果本单位装饰工程是整个建筑装饰工程项目中的一个项目，那么应将装饰工程施工组织总设计中的总体施工部署以及与本工程施工有关的规定和要求作为编制的依据。

5. 装饰工程预算文件及有关定额

主要是指详细的分部、分项工程量，必要时应有分层、分段或分部位的工程量，采用的预算定额和施工定额等。

6. 建设单位对工程施工可能提供的条件

如供水、供电的情况及可借用作为临时办公、仓库的施工用房等。

7. 现场施工条件

主要是指水、电等供应情况，临时设施（包括临时办公、仓库、加工用房等）及各项资源（劳动力、装饰材料、施工机具等）的来源及供应情况等。

8. 施工现场的勘察资料

建筑主体结构施工尺寸是否与设计图纸相符，旧房改造工程实际尺寸与设计图纸是否一致，水源、电源等位置，水平、垂直运输情况，拆除物、垃圾堆放位置和运输时间等。

9. 有关的验收规范及操作规程

如《建筑装饰装修工程质量验收规范》（GB 50210—2001）以及有关技术、安全、质量等操作规程。

10. 有关的参考资料及装饰工程施工组织设计实例

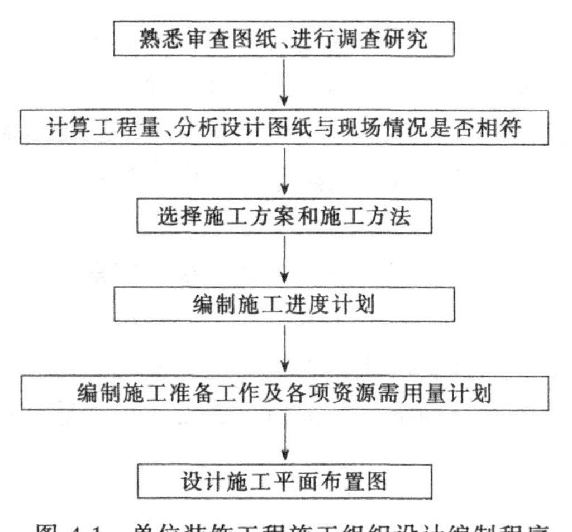

图 4-1 单位装饰工程施工组织设计编制程序

二、单位装饰工程施工组织设计的编制程序

单位装饰工程施工组织设计的编制程序，是指各个组成部分形成的先后秩序以及它们相互之间的制约关系。其编制程序如图 4-1 所示，从中可以知道设计的有关内容和步骤。

三、单位装饰工程施工组织设计的基本内容

根据装饰工程的性质、规模大小、技术复杂程度和现场施工条件，单位装饰工程施工组织设计的内容和深度可以有所不同，但一般应包括如下几个方面：

（一）工程概况

主要包括工程特点、地点特征和施工条件等内容，详见本章第二节。

（二）施工方案与施工方法

主要包括施工方案的确定、施工方法的选择和主要技术组织措施的制定等内容，详见本章第三节。

（三）施工进度计划

主要包括确定施工顺序、划分施工过程和施工段、计算工程量、劳动力和机具需用量、确定各施工过程的持续时间、绘制施工进度计划表等内容，详见本章第四节。

（四）施工准备工作及各项资源需用量计划

主要包括施工准备工作计划及劳动力、施工机具、主要材料等需用量计划等内容，详见本章第五节。

（五）施工平面图

主要包括单位装饰工程所需机具、加工场地，装饰材料及配件堆场，水电管线和临时设施等的合理布置位置，详见本章第六节。

第二节　工　程　概　况

单位装饰工程施工组织设计中的“工程概况”是总说明部分，是对拟装饰工程的工程特点、地点特征和施工条件所作的一个简明扼要、突出重点的文字介绍。有时为了弥补文字介绍的不足，还可以采用辅助表格或附图加以说明。为了说明装饰工程中主要的分部、分项工程的任务量，一般应附有主要工程量一览表。有装饰工程施工组织总设计的，应重点介绍本工程的特点以及与项目总体工程的联系。

工程概况主要包括工程特点、地点特征和施工条件等内容。

一、工程特点

这一部分主要是针对拟装饰工程特点，结合调查资料，进行分析研究，找出关键性的问题加以说明，并对施工中的新材料、新技术、新结构、新工艺及施工的重点、难点着重说明。一般有如下内容：

（一）装饰项目

主要介绍拟装饰工程的建设单位，工程性质、名称、用途，资金来源及工程造价，开工竣工时间，设计单位、监理单位及施工单位等。

（二）装饰设计

主要介绍拟装饰工程的装饰设计风格，建筑物的高度、层数，建筑面积及平面组合情况，主要项目装饰工程量、主要房间的装饰材料、室内外装饰的构造做法及与之配套的给排水与采暖、建筑电气、通风与空调等设计要求。

（三）施工特点

主要介绍拟装饰工程的范围、标准、要求及施工的重点和难点，以便于突出重点，抓住关键，使施工顺利进行，提高装饰施工企业的经济效率与管理水平。不同类型的建筑、不同条件下的装饰工程施工，均有其不同的施工特点。

二、地点特征

应介绍装饰工程的位置、地形、环境、气温、冬雨期施工时间、主导风向、风力大小等情况。如本工程项目只是承接了该建筑的一部分装饰，则应注明拟装饰工程所在的楼层、段。

三、施工条件

应介绍装饰工程的现场条件（水、电、道路）、材料、成品、半成品、施工机具、劳动力配备和企业管理等情况。

第三节　施工方案与施工方法

施工方案与施工方法是单位装饰工程施工组织设计的核心部分。施工方案与施工方法选择得恰当与否，将直接影响到单位装饰工程的施工效益、施工质量和施工工期。

在拟定施工方案与施工方法时，首先必须熟悉建筑装饰工程施工图纸，明确工程特点和施工要求；然后根据施工工期的要求，充分考虑各项资源（如材料、机具、劳动力等）的供应情况、协作单位的配合条件及现场施工条件等，进行多种方案的技术经济比较，选择合理的施工方案与施工方法。

这部分主要包括三方面内容：确定施工方案，选择施工方法，制定主要技术组织措施。

一、施工方案的确定

一个好的施工方案是在若干个初步方案基础上进行分析比较后确定的。拟定单位工程的施工方案时，应着重解决其施工总程序、施工起点及流向、施工段划分及分部、分项工程施工顺序等。

（一）装饰工程的施工总程序

装饰工程的施工总程序是指单位装饰工程中各分部（或子分部）工程或各施工阶段不可违背的先后次序及其制约关系。

装饰工程的施工总程序一般是先预埋、后封闭、再饰面。如：在预埋阶段一般先通风与空调、后给排水与采暖管道、再建筑电气线路；在封闭阶段一般先墙面、后顶面、再地面；在饰面阶段一般先涂饰、后裱糊、再饰件。

室外和室内装饰工程的施工总程序一般有三种：先室外后室内、先室内后室外、室内外同时进行。具体选择时应根据工期、资源情况、气候条件、脚手架类型等因素综合考虑，一般说来，采用先室外后室内的程序较为有利。如果是水磨石地面，为防止施工时渗漏水对外墙面的影响，应先完成水磨石的施工；如果为了加速脚手架周转或要赶在冬雨期到来之前完成外装饰，则应采取先室外后室内的程序；如果抹灰工太少，则不宜采用室内外同时进行的程序。装饰工程的室内和室外装饰可平行施工，并可与其他施工过程交叉穿插进行。

（二）施工起点和流向

施工起点和流向是指单位装饰工程在平面或空间上开始施工的部位及其流动方向，这主要取决于生产需要、缩短工期和保证质量等要求。一般来说，对单层建筑物，只要确定分段施工在平面上的施工流向；对多层及高层建筑物，除了要确定每层在平面上的施工流向外，还要确定其层间或单元空间上的施工流向，如多层房屋的内墙装饰是采用自上而下，还是采用自下而上。

施工起点和流向的确定，牵涉到一系列施工过程的开展和进程，是组织施工的重要环节，为此应考虑以下几个因素。

1．施工工艺的要求

这往往是确定施工流向的关键因素。装饰工程的施工流向必须符合施工工艺的要求，如：先涂饰、后裱糊、再饰件，若颠倒工序就会影响工程质量和工期。

2．业主使用的需要

在使用上要求急的部位应先安排施工。如：在高层建筑施工中，可以在主体结构施工到一定层数后，根据需要进行地面上若干层的设备安装和室内外装饰施工。

3．施工的繁简程度

一般说来，技术复杂、施工进度较慢、工期较长的部位应先施工。有给排水与采暖、建筑电气的装饰工程，必须先进行设备管线的安装，再进行装饰工程的施工。

4. 施工组织的分层、分段

划分施工层、施工段的部位，也是决定其施工流向时应考虑的因素。

5. 装饰工程竖向的施工起点和流向

装饰工程竖向的施工起点和流向比较复杂，室外装饰一般采用自上而下的流向，但饰面板（砖）的湿铺或干挂则采用自下而上的流向。室内装饰一般可采用自上而下、自下而上及自中而下再自上而中三种流向。

自上而下是指主体结构封顶或屋面防水层完成后，装饰由顶层开始逐层向下的施工流向，一般有水平向下和垂直向下两种形式。其优点是：主体结构完成后，建筑物有一个沉降时间，沉降变化趋向稳定，这样可保证屋面防水质量，不易产生屋面渗漏水，亦能保证室内装饰工程质量，可以减少或避免各工种操作互相交叉，便于组织施工，利于安全施工，而且自上而下的清理也很方便。其缺点是不能与主体结构施工搭接，工期相应较长。

自下而上是指主体结构施工到三层以上时（有两个层面楼板，确保底层施工安全），装饰从底层开始逐层向上的施工流向，一般与主体结构平行搭接施工，也有水平向上和垂直向上两种形式。为了防止雨水或施工用水从上层板缝内渗漏而影响装修质量，应先做好上层楼面地面，再进行本层墙面、天棚、地面的抹灰施工。这种流向的优点是可以与主体结构平行搭接施工，能相应缩短工期，当工期紧迫时可以考虑采用这种流向。但其缺点是：工种操作互相交叉，需要增加安全措施；交叉施工的工序多、材料供应紧张、施工机械负担重，现场施工组织和管理也比较复杂。还应注意，当装饰采用垂直向上施工时，如果流水节拍控制不当，则可能超过主体结构施工速度，从而被迫中断流水。

自中而下再自上而中的施工流向，综合了前两种流向的优缺点，一般适用于高层建筑的装饰工程施工。

（三）施工段的划分

划分施工段的目的是为了适应流水施工的需要，这在第二章中已有叙述。但在单位装饰工程上划分施工段时，还应注意以下几点要求：

(1) 要使各段工程量大致相等，以便组织有节奏流水施工，使劳动组织相对稳定、各班组能连续均衡施工，减少停歇和窝工。

(2) 施工段数应与施工过程数相协调，尤其在组织楼层结构流水施工时，每层的施工段数应大于或等于施工过程数。段数过多可能延长工期或使工作面过窄，段数过少则无法流水，而使劳动力窝工或机具设备停歇。

(3) 分段的大小应与劳动组织（或机具设备）及其生产能力相适应，保证足够的工作面，以便于操作，发挥生产效率。

（四）分部、分项工程的施工顺序

组织单位装饰工程施工时，应将其划分为若干个分部工程（或子分部工程），每一分部工程（或子分部工程）又划分为若干个分项工程（施工过程），并对各个分部、分项工程的施工顺序作出合理安排。

1. 确定施工顺序的基本原则

(1) 必须遵循施工总程序

施工总程序规定了单位装饰工程中各分部（或子分部）工程或各施工阶段不可违背的

先后次序及其制约关系，在确定分部、分项工程的施工顺序时应与之相符。

(2) 必须符合施工工艺要求

这种要求反映施工工艺上存在的客观规律和相互制约关系，一般是不能违背的。例如，门窗框没安装好，地面或墙面装饰就不能开始。

(3) 必须考虑施工组织要求

在确定分部、分项工程的施工顺序时，应充分考虑施工组织的要求，并与之相符。

(4) 必须考虑施工安全和质量要求

如：室外装饰应在无屋面作业的情况下进行施工；室内地面施工前应将前道工序全部做完，并应在无吊顶作业的情况下进行；大面积色漆、清漆应在作业面附近无电焊的条件下进行涂饰。

(5) 必须考虑气候条件影响

如：雨期天气太潮湿不宜安排涂料涂饰；冬期进行室内装饰，应先安装门窗扇和玻璃，后做其他装饰项目。

2. 施工顺序的确定

装饰工程分为室外装饰工程和室内装饰工程，不仅工序繁多、装饰材料品种繁杂，而且装饰施工又是一个复杂的过程。由于建筑结构、现场条件、施工环境的不同，均会对装饰工程施工顺序的安排产生不同的影响。因此，对每一个单位装饰工程，必须根据其施工特点和具体情况，合理地确定其施工顺序。如：在进行二次改造装饰工程的施工之前，一定要对基层进行全面的检查，将原有的基层必须铲除干净，同时对需要拆除的结构和构件的部位数量、拆除物的处理方法等，均应作出明确规定。

施工顺序因装饰工程的具体施工条件、房间使用功能、装饰工艺做法的不同而有所不同，常用的有：先湿作业、后干作业；先墙顶、后地面；先管线、后饰面。

【例 4-1】 某宾馆大厅装饰工程的施工顺序：

搭脚手架→墙内管线→石材墙、柱面→顶棚内管线→吊顶→顶角线安装→吊顶涂饰→灯饰、风口、喷淋、监控安装→拆脚手架→地面石材铺设、安装地弹簧→安装门扇→插座、开关安装→地面清理打蜡→竣工验收

【例 4-2】 某饭店客房装饰工程的施工顺序：

拆除原有饰物→通风与空调、电气管线→壁柜制作、窗帘盒安装→吊顶内管线→吊顶→顶角线安装→窗台板→安装门框→墙、地面修补→吊顶涂饰→踢脚板→墙面批嵌→安装门扇→木面涂饰→裱糊墙纸→插座、开关、风口安装→铺设地毯→灯具安装→清理、修补→竣工验收

二、施工方法的选择

单位装饰工程各主要施工过程的施工，一般有几种不同的施工方法可供选择。这时，应根据建筑结构特点，平面形状、尺寸和高度，工程量大小及工期长短，劳动力及资源供应情况，气候及地质情况，现场及周围环境，装饰施工单位技术、管理水平和施工习惯等，进行综合分析考虑，选择合理的切实可行的施工方法。

施工方法必须严格遵守各种施工规范和操作规程。施工方法的选择必须是建立在保证工程质量及安全施工的前提下，根据各分部、分项工程的特点，具体确定施工方法，特别是墙柱面、天棚、楼地面工程的施工方法。对于外墙装饰工程，应在结构工程完成后，自

上而下地进行；对于室内装饰，如天棚、墙面、楼地面等，首先应做出样板间进行实样交底。选择施工方法的基本要求如下：

1. 应考虑主导施工过程的要求

由于装饰工程的施工工艺比较复杂，施工难度也比较大，因此在施工前应从单位装饰工程施工全局出发，着重考虑影响整个装饰工程施工的几个主导施工过程的施工方法，如墙体、吊顶的施工方法。而对一般的、常见的、工人熟悉的或工程量不大的及与全局施工和工期无多大影响的施工过程，可不必详细拟订，只要提出若干应注意的问题和要求就可以了。

主导施工过程一般是指：工程量大、占施工工期长，在施工中占据重要地位的施工过程；施工技术复杂或采用新技术、新工艺、新结构，对工程质量起关键作用的施工过程；对施工单位来说，某些特殊或不熟悉、缺乏施工经验的施工过程。

2. 应符合装饰工程施工组织总设计的要求

如果是建设项目或建筑群中的一个单位工程，则其施工方法的选择应符合施工组织总设计中的有关规划要求。

3. 应满足装饰施工技术的要求

在确定现场的垂直运输和水平运输方案的同时，应确定所需的施工机具，此外还应绘出安装图、排料图及定位图等。

4. 应符合提高工厂化、机械化程度的要求

应最大限度实现工厂化预制，现场安装，减少现场作业。要提高机械化施工的程度，还要充分发挥机械效率，减少繁重的人力劳动操作。

5. 应符合先进、合理、可行、经济的要求

选择施工方法时，除要求先进、合理之外，还要考虑对施工单位是可行的，经济上是节约的。必要时，要进行分析比较，从施工技术水平和实际情况考虑研究，作出选择。

6. 应满足工期、质量、成本和安全的要求

所选施工方法应尽量满足缩短工期、提高质量、降低成本、保证安全的要求。

施工方案和施工方法的拟定要根据工期要求，材料、设备、机具和劳动力的供应情况，以及协作单位配合条件和其他现场条件进行周密的考虑。

三、主要技术组织措施

单位装饰工程施工组织设计中的主要技术组织措施，应在严格执行工程质量验收规范及操作规程的前提下，根据工程的施工特点及具体情况逐项拟订。

主要技术组织措施的内容，主要包括：保证质量措施、保证安全措施、成品保护措施、保证进度措施、消防保卫措施、环保措施及冬、雨期施工措施等。

（一）质量、安全措施

在单位装饰工程施工组织设计中，从具体工程的装饰特点、施工条件、技术要求以及安全施工的要求出发，必须制定保证工程质量和施工安全的技术措施。它是明确施工技术要求和质量标准、进行施工作业交底、预防可能发生的工程质量事故和安全事故的一个重要内容。

1. 工程质量、安全的控制要点

一般应根据以下内容制定各项有关措施，内容应具体明确、切实可行，并由专人负

责。

（1）主要工种工程的技术要求、质量标准和验收要求；

（2）对可能出现的技术问题或质量通病的改进办法和防范措施；

（3）有关装饰材料的质量标准、检验制度、保管方法和使用要求；

（4）立体交叉作业、高空作业的安全措施，施工机械、设备、脚手架、上人电梯的稳定和安全措施；

（5）防火、防爆、防冻、防电、防坍、防坠的措施等。

2．质量措施

（1）建筑装饰工程必须进行设计，并出具完整的施工图设计文件，施工中严禁违反设计文件擅自改动建筑主体、承重结构或主要使用功能。

（2）建筑装饰工程所用材料的品种、规格和质量应符合设计要求和国家现行标准的规定。所有材料进场时应对品种、规格、外观和尺寸进行验收。现场配制的材料如砂浆、胶粘剂等，应按设计要求或产品说明书配制。

（3）建筑装饰施工单位应建立质量管理体系，按有关的施工工艺标准或经审定的施工技术方案施工，并对施工全过程实行质量控制。

（4）建筑装饰工程的施工应符合设计要求和工程质量验收规范的规定。

（5）建筑装饰工程应在基体或基层的质量验收合格后施工。对既有建筑进行装饰前，应对基层进行处理并达到规范的要求。

（6）建筑装饰工程施工前应有主要材料的样板或做样板间（件），并应经有关各方确认。

（7）室内外装饰工程施工的环境条件应满足施工工艺的要求。施工环境温度不应低于5℃。当必须在低于5℃气温下施工时，应采取保证工程质量的有效措施。

（8）家庭居室装饰不得随意在承重墙上穿洞，拆除连接阳台门窗的墙体，扩大原有门窗尺寸或者另建门窗；不得随意增加楼地面静荷载，在室内砌墙或者超负荷吊顶、安装大型灯具及吊扇；不得任意钻凿顶板，不经穿管直接埋设电线或者改线；不得破坏或者拆改厨房、厕所的地面防水层以及水、暖、电、煤气等配套设施。

3．安全措施

（1）建筑装饰工程施工必须坚持安全第一、预防为主的方针，建立健全安全生产的责任制度和群防群治制度。

（2）建筑装饰工程设计必须保证建筑物的结构安全和主要使用功能。当涉及主体和承重结构改动或增加荷载时，必须由原结构设计单位或具备相应资质的设计单位核查有关原始资料，对既有建筑结构的安全性进行核验、确认。

（3）施工单位在编制施工组织设计时，应当根据建筑装饰工程的特点制定相应的安全技术措施；对专业性强的工程项目，应当编制专项安全施工组织设计，并采取安全技术措施。

（4）施工单位应在施工现场采取维护安全、防范危险、预防火灾等措施；有条件的，应当对施工现场实行封闭管理；对毗邻的建筑物、构筑物和特殊作业环境可能造成损害的，应当采取安全防护措施。

（5）施工单位应遵守有关安全施工、劳动保护、防火和防毒的法律法规，应建立相应的管理制度，并应配备必要的设备、器具和标识。

(6) 施工单位必须依法加强安全施工的管理，执行安全施工责任制度，采取有效措施，防止伤亡和其他安全事故的发生。

(7) 施工现场安全由施工单位负责。实行施工总承包的，由总承包单位负责。分包单位向总承包单位负责，服从总承包单位对施工现场的安全施工管理。

（二）消防、保卫措施

1. 消防措施

(1) 进入现场的防火涂料、防火液、防火漆等应由监理（建设）、施工单位进行现场检验，总监（建设单位技术负责人）应签署进场材料检验记录（有必要时应现场封样送检），该记录存档。

(2) 木饰内表面（含木龙骨）应涂刷一级膨胀型防火涂料，每平方米不得少于500克。一般以涂刷三遍为宜，或通过试验取得涂刷遍数。后一种情况应有现场试验报告，经总监（建设单位技术负责人）签章后存档备查。

(3) 木饰面层用防火液进行防火处理时，应先做防火处理后再刷罩面油漆，严禁将饰面板先涂刷罩面油漆的做法。用防火液进行防火处理时应先做试件，具体做法是：先取一定面积的饰面板（$0.5m^2$ 或 $1m^2$）浸泡在专用于木材处理的一级防火液中，24小时后取出至干燥。在这期间内分别称三次重量，即原试板、浸泡饱和板、干燥后板重量（精确至克），做好记录，从而计算出吸附的防火液及吸附干量，得出每平方米应涂刷防火液的重量。并通过现场反复涂刷干燥从而得出实际涂刷遍数。试件干燥后用细砂纸打磨，按工程施工要求涂刷油漆至适当遍数后进行观察，若不相容则应更换防火液或油漆。以上试验应做好记录并签章。

(4) 软包中的海绵应采取浸泡方式。

(5) 织物参照饰面板的处理办法喷涂，注意应采用专用于织物的防火液。

(6) 木饰面层使用防火漆进行防火处理。通过现场使用情况来看，使用防火漆处理后手感、观感及防火效果较差，一般不宜采用。但当大面积的饰面板没涂刷防火液进行防火处理就已涂刷了油漆时，为了满足防火要求，只好采用刷防火漆的办法来补救。涂刷防火漆重量每平方米不低于500克，通过现场涂刷试验而得出涂刷遍数，并应将防火试验及涂刷记录签章后存档备查。注意使用的防火漆应与原木饰面油漆保持相容，以免产生化学反应。

(7) 以上各种防火处理均应做隐蔽验收记录。

(8) 当以上做法低于设计要求时，以设计为准。

(9) 建筑装饰设计、施工和材料使用，必须严格遵守建筑装饰防火规范。完成装饰施工图纸设计后，建设单位必须持《施工许可证》和施工设计图纸，报公安消防部门进行消防安全核准。

(10) 施工工地应成立消防保卫小组，建立领导值班制度，定期对工地的消防保卫工作情况进行检查。

2. 保卫措施

(1) 实行总承包单位负责的保卫工作责任制，各分包单位应接受总承包单位的统一领导和监督检查。

(2) 施工现场应建立警卫和巡逻制度，做好现场保卫记录，护场人员要佩带值勤标识，重大工程要实行凭证出入制度。

(3) 做好分区隔离，明确人员标识，防止无关人员进入施工现场。

(4) 做好成品保护工作，严防被盗、破坏及治安事故的发生。

(三) 成品保护、环保措施

1. 成品保护措施

(1) 建筑装饰工程施工中应做好半成品、成品的保护，科学安排施工总程序，严格遵守施工顺序，交叉作业尤其要注意安排合理，防止污染和损坏。

(2) 成立成品保护领导小组，装饰初具规模后及时限制进楼人员并逐层设成品保护人员。实行分区作业，适时实行封闭管理措施，非工作时间、非工作需要均不得进入作业区。

(3) 做好施工人员的文明施工和成品保护的职业道德教育。

(4) 制订并执行经济奖罚制度，保证半成品、成品保护各项措施的贯彻落实。

2. 环保措施

(1) 应遵守有关环境保护的法律法规，并应采取有效措施控制施工现场的各种粉尘、废气、废弃物、噪声、振动等对周围环境造成的污染和危害。

(2) 施工垃圾应集中堆放、及时清运。清理施工垃圾，必须设置封闭式临时专用垃圾道或容器吊运（如编织袋等），严禁随意凌空抛撒。

(3) 原装饰物拆除时，应随时洒水、减少扬尘污染。

(4) 凡进行现场机械搅拌时，在搅拌机前台应设置沉淀池，以防污水遍地。

(5) 现场水磨石施工，必须控制污水流向，在合理的位置设置沉淀池，经沉淀后的水方可排入市政污水管线。

(6) 施工现场应制定降低噪音的制度和措施。如在饭店、宾馆等场所进行装饰施工，必须按业主要求严格控制施工作业时间。一般情况不得在22:00以后施工，如必须昼夜连续施工的，应尽量采取降低噪音的措施。

(四) 冬、雨期施工措施

在冬、雨期的施工中，要做好施工现场的防水、防冻、防滑及排水等措施的具体落实，加强施工准备工作和施工现场的管理，确保场地运输通畅及材料、机具和配件的及时供应，以提高冬、雨期装饰工程施工的质量水平。

第四节　施工进度计划

单位装饰工程施工进度计划是在已确定的施工方案和施工方法的基础上，根据要求工期和技术资源供应条件，遵循装饰工程的施工顺序，用图表形式表示各施工项目搭接关系及工程开工、竣工时间的一种计划安排。

一、施工进度计划的概念

一般施工进度计划的图示形式有两种，即横道图和网络图。

(一) 施工进度计划的作用

1. 安排施工进度，保证施工任务的如期完成；

2. 确定各分部、分项工程的施工时间及其相互之间的衔接、配合关系；

3. 确定所需的劳动力、材料、机具设备等的资源数量；

4. 具体指导现场的施工安排。

（二）施工进度计划的分类

单位装饰工程施工进度计划根据施工项目划分的粗细程度，可分为控制性进度计划和指导性进度计划两类。

1. 控制性进度计划

控制性进度计划按分部（子分部）工程来划分施工项目，控制各分部（子分部）工程的施工时间及其相互搭接、配合的关系。它主要适用于工程较复杂、规模较大、工期较长而需跨年度施工的工程，还适用于工程不复杂、规模不大但各种资源（劳动力、材料、机具）不落实的情况。编制控制性施工进度计划的单位工程，当各分部（子分部）工程的施工条件基本落实后，在施工之前，还应编制指导性的分部（子分部）工程施工进度计划。

2. 指导性进度计划

指导性进度计划按分项工程或施工过程来划分施工项目，具体确定各施工项目的施工持续时间及其相互搭接、相互配合的关系。它适用于任务具体而明确、施工条件基本落实、各项资源供应正常、施工工期不太长的工程。

二、施工进度计划的编制

（一）施工进度计划的编制依据

单位装饰工程施工进度计划的编制依据主要包括：有关的设计图纸和文件，施工组织总设计对工程的要求及施工总进度计划，工程开工和竣工时间的要求，施工方案与施工方法，劳动定额及机械台班定额等有关施工定额以及施工条件（如劳动力、机具、材料等供应情况）。

（二）施工进度计划的编制程序

单位装饰工程施工进度计划的编制程序，如图 4-2 所示。

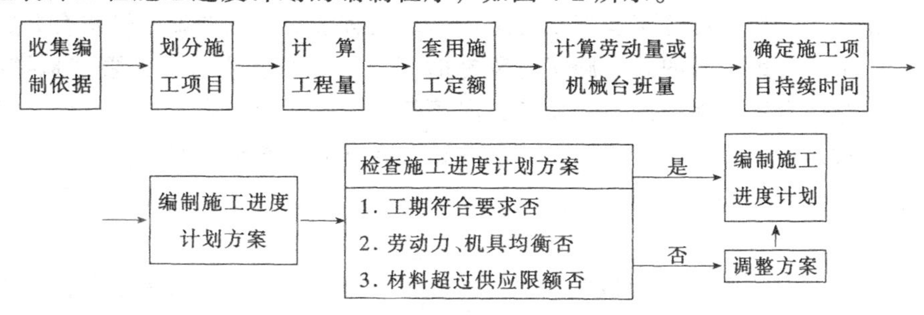

图 4-2 施工进度计划的编制程序

（三）施工进度计划的编制步骤

根据施工进度计划的编制程序，现将其主要步骤叙述如下：

1. 划分施工项目

施工项目是包括一定工作内容的施工过程，一般应根据所选择的施工方案与施工方法、施工程序和顺序进行划分。划分时应确定施工项目划分的范围和内容，控制施工项目划分的粗细，尽量与建筑装饰工程的预算项目相一致，以便计算。对于工程量大、用工多、工期长、施工复杂的主要项目均应单独列项，不可漏项；对于影响下道工序施工和穿插配合施工的项目，应细分、单独列项；对于次要工序、工程量小的施工项目可适当合并或并入主要工序。

2. 计算工程量

装饰工程量是组织建筑装饰工程施工，确定各种资源的数量供应，编制施工进度计划，进行工程核算的主要依据之一。工程量的计算，应根据图纸设计要求以及有关计算规定来进行。计算时应注意工程量的计量单位，注意所采用的施工方法，注意结合施工组织的要求，并正确取用预算文件中的工程量。

3. 计算劳动量或机械台班量

劳动量或机械台班量应根据所选择的施工方案、工程量大小、施工定额或工期等要求来确定，要保证既能在规定的工期内完成任务，又不能产生窝工现象。

4. 确定施工项目持续时间

应根据各施工项目的工艺要求、总工期要求或劳动力等资源情况，确定其施工作业的持续时间，计算方法一般有经验估计法、定额计算法和倒排计划法。

5. 编制施工进度计划

在进行了上述各项步骤后，可先编制施工进度计划方案，再对施工进度计划方案进行工期、劳动力、机具、材料等方面的检查，并作相应地调整，最后编制正式进度计划。

（四）施工进度计划的设计方法

施工进度计划应根据各施工项目工程量的大小、工程施工的特点以及工期的要求，按照装饰工程特点和施工条件，结合确定的施工方案和施工方法，处理好各施工项目之间的施工顺序，预计可能投入的劳动力、施工机具、材料、成品或半成品的供应情况，以及协作单位配合施工的能力等诸多因素，进行综合安排。

用横道图表达单位工程施工进度计划，有以下两种设计方法：

1. 按工艺组合组织流水施工的设计方法

为了简化设计工作，可将某些在工艺上和组织上有紧密联系的施工过程合并成为一个工艺组合。一个工艺组合内的几个施工过程在时间上、空间上能够最大限度地搭接起来。不同的工艺组合通常不能平行地进行施工，必须等一个工艺组合中的大部分施工过程或全部施工过程完成之后，另一个工艺组合才能开始。在划分工艺组合时，必须注意使每一个工艺组合能够交给一个混合工作队完成。例如，门窗安装、涂饰、玻璃等，可以合并为一个门窗工程的工艺组合。

工艺组合按照对整个工期的影响大小可以分为两种。第一种是对整个单位工程的工期虽然有一定的影响，但不起决定性作用的工艺组合，能够和主要工艺组合彼此平行或在很大程度上可以搭接进行，叫做搭接工艺组合。第二种是对整个单位工程的工期起决定性作用的、基本上不能互相搭接进行的工艺组合，叫做主要工艺组合。

在工艺组合确定之后，首先从每一个工艺组合中找出一个主导施工的过程；其次，确定主导施工过程的施工段数及其持续时间；然后尽可能地使工艺组合中其余的施工过程都采取相同的施工段、施工分界和持续时间，以便简化计算工作；最后按节奏流水或非节奏流水的计算方法，求出工艺组合的持续时间。所有的工艺组合都可以按照上述同样的步骤进行计算。为了计算方便，对于各个工艺组合的施工段数、施工段的分界和持续时间，在可能的条件下，也应力求一致。

将主要工艺组合的持续时间相加，就得到整个单位工程的施工工期。如果计算出的工期超过规定的工期，则可以改变一个或若干个工艺组合的流水参数，把工期适当地缩短；如果工期小于规定的工期，同样，也应改变一个或若干个工艺组合的流水参数，把工期适当延长。所以，当施工进度计划采用流水施工的设计方法时，不必等进度线画出，就能看出工期是否符合规定。

同样，这种设计方法可以保证在进度线画出之前，初步确定不同施工阶段的劳动力均衡程度。如果劳动力过分不均衡，可以采用改变工艺组合流水参数的办法加以调整。

当工期、劳动力等均衡程度都完全符合要求之后，就可以编制施工进度计划。

从上可知，这种设计方法是将许多施工过程的搭接问题变成少数几个工艺组合的搭接问题，因而可以大大简化施工进度计划的设计工作。

2. 根据施工经验直接安排、检查调整的方法

首先，根据各施工过程的施工顺序和已经确定的各个施工过程的持续时间，直接在施工进度计划图表的右边部分画出所有施工过程的进度线，使各主要施工过程能够分别进行流水施工。然后，根据列出的进度表，对工期、劳动力等均衡程度进行检查。如果工期不能满足要求、劳动力有窝工或赶工以及机具没有得到充分利用等情况，则各个施工过程的进度应适当加以调整，调整以后再检查，这样反复进行，直到上述各项条件都能够得到满足为止。

这种逐次、逐项检查，逐次、逐项调整修正的方法是一种比较粗略的设计方法。

第五节　施工准备工作及各项资源需用量计划

施工进度计划编出后，即可着手编制施工准备工作计划及劳动力、主要材料、施工机具等资源需用量计划。

一、施工准备工作计划

有关建筑装饰工程施工准备工作的内容及要求，本书第一章概论中已有详细阐述。为了更好地做好施工准备工作，施工管理人员必须在装饰工程施工前，根据工程任务、开工日期和施工进度的需要，结合当地的有关规定和要求，编制施工准备工作计划（见表4-1）。

施工准备工作计划表　　　　**表 4-1**

序号	施工准备工作项目	工程量		负责部门或人	月份											
		单位	数量		1	2	3	4	5	6	7	8	9	10	11	12

施工准备工作计划既是施工组织设计中的一项重要内容，又是顺利完成单位装饰工程任务的重要保证，其本身也是一项重要的施工准备工作。施工准备工作计划主要反映开工前、施工中必须做的有关准备工作，其内容一般包括：

（一）技术资料的准备

主要包括熟悉设计文件、参加设计技术交底会，编制和审定施工组织设计，编制施工

预算，构件、成品、半成品技术资料，新技术、新材料、新工艺实验等。

（二）施工现场的准备

主要包括场地清理、障碍物拆除，现场“三通一平”情况，临时设施搭设，轴线、标高的测量放线等。

（三）施工队伍和物资的准备

主要包括建立项目管理机构和完善劳动组织，劳动力、装饰材料、施工机具、构件、成品、半成品的进场时间，与分包单位配合工作的联系和落实等。

在具体编制施工准备工作计划时，应根据不同工程的特点，认真分析和仔细研究将在施工过程中可能碰到的各种问题，采取相应的预防措施。同时，在实际施工过程中，还要根据施工现场的某些实际情况变化而相应调整施工准备工作计划。这是因为，施工现场是一个动态空间，随着施工活动的进一步深入，现场的实际情况可能会经常发生某些事前无法预料的变化，而且有些特殊情况事先也难以充分估计。

二、各项资源需用量计划

根据单位工程施工进度计划编制的各种资源需用量计划，是做好劳动力、施工机具、主要装饰材料、构件和成品、半成品的供应、调度、平衡、落实的依据，是施工进度计划顺利进行的重要保证，一般包括劳动力、施工机具、主要装饰材料、构件和成品、半成品等需用量计划。

（一）劳动力需用量计划

劳动力需用量计划，是将各施工过程所需要的主要工种的劳动力，根据施工进度计划的安排进行叠加编制而成的(见表 4-2)。它主要反映装饰工程施工所需各种工种的人数，是劳动力平衡、调配和衡量劳动力耗用指标的依据。其编制方法是：将施工进度计划表上每天施工的项目所需工人按工种分别统计，得出每天所需工种及其人数，再按时间进度要求汇总。

劳动力需用量计划表 表 4-2

序号	工种名称	总工作量（工日）	安排人数	月份											
				1	2	3	4	5	6	7	8	9	10	11	12

（二）施工机具需用量计划

施工机具需用量计划，是根据施工预算、施工方案与施工方法和施工进度计划编制而成的（见表 4-3），主要反映施工机具类型、数量及进退场时间，它是落实施工机具来源、组织施工机具进场的依据。其编制方法是：将单位工程施工进度表中的每个施工过程、每天所需机具类型、数量进行统计，得出每天所需机具及其数量，再按施工日期进行汇总。

施工机具需用量计划表 表 4-3

序号	机具名称	机具型号	需用量		使用起止时间	备注
			单位	数量		

（三）主要装饰材料需用量计划

主要装饰材料需用量计划，是根据施工预算、施工方案与施工方法和施工进度计划编制而成的(见表4-4)，主要反映装饰施工中各种主要材料的需用量，它是组织备料、供料和确定仓库、堆场面积及运输计划的依据。其编制方法是：将施工预算或进度表中各施工过程的工程量，按照每天(或旬、月)所需材料的名称、规格、数量、使用时间(考虑到各种材料消耗定额)进行统计，得出所需主要材料及其数量，再按时间进度要求汇总。

主要装饰材料需用量计划表　　表4-4

序号	材料名称	规格	需用量		拟进场时间	备注
			单位	数量		

（四）构件和成品、半成品需用量计划

对于一些饰物等构件和成品、半成品加工的需用量计划，同样可按编制主要装饰材料需用量计划的方法进行编制（见表4-5）。它主要反映装饰施工中各种构件和成品、半成品加工的需用量及供应日期，是组织落实加工单位、签订供应协议或合同、确定堆场面积、组织运输工作和安排货源进场的依据。

由于装饰工程所用构件和成品、半成品的品种多、花色繁杂，许多物资不能从市场上直接采购到，要由工厂按订货计划进行加工，而这些工厂散布在全国各地，有的甚至要向国外订货，所以必须强调其供应到货的质量和时间。

构件和成品、半成品需用量计划表　　表4-5

序号	品牌	规格	图号	需用量		使用部位	加工单位	供应日期	备注
				单位	数量				

第六节　施工平面图

施工平面图是对单位装饰工程的施工现场所作的平面规划和布置，是施工组织设计的重要内容，是现场文明施工的基本保证，是实现文明施工、减少临时设施费用的先决条件。

一、施工平面图设计的概念

施工平面图设计就是结合工程特点和现场条件，按照一定的设计原则，对施工机具、材料、配件、临时设施、水电管线等，进行全面的规划和布置。将布置方案绘制成图，即施工平面图。

（一）施工平面图的设计原则

1.尽量减少用地面积；

2.尽量降低运输费用，保证运输方便，减少二次搬运（要合理布置仓库和运输道路，选择正确的运输方式）；

3. 尽量降低临时设施费用；

4. 要满足防火和施工安全方面的要求；

5. 要便于现场工人的工作与生活，合理地布置生活福利方面的临时设施。

（二）施工平面图设计的内容及依据

1. 施工平面图设计的内容

由于装饰工程的建筑物有新建、扩建、改造等不同的情况，如新建建筑装饰工程的装饰阶段一般属于工程施工的最后阶段，有些在基础、主体结构阶段需要考虑的内容已经予以考虑并布置，这时装饰工程施工平面图的内容就要根据工程具体情况，因时、因地、因需要地结合实际情况来确定。装饰工程施工平面图一般应包括如下内容：

（1）地上、地下的一切建筑物、构筑物和管线位置；

（2）测量放线标桩、杂土及垃圾堆放场地；

（3）垂直运输设备的平面位置，脚手架、防护棚位置；

（4）材料、加工成品、半成品、施工机具的堆放场地；

（5）施工、生活用临时设施（包括搅拌机、木工棚、仓库、办公室、临时供水、供电、供暖线路和现场道路等）并附一览表（表中应分别列出名称、规格、数量及面积大小）；

（6）安全、防火设施。

2. 施工平面图设计的依据

施工平面图设计的依据：设计或施工总平面图，现场地形地貌，现有水源、电源、热源、道路，四周可以利用的房屋和空地情况，本单位装饰工程的施工方案与施工方法、施工进度计划、各项资源需用量计划及现场临时设施布置等。

（三）施工平面图的绘制要求

施工平面图一般用1:200～1:500的比例绘制，图中应反映工程施工机具、加工场地，材料、成品、半成品堆场，临时道路、供水、供电、供热管网和其他临时设施的合理布置场地位置。

对于一些工程量大、工期较长或场地狭小的新建工程，往往按基础、结构、装饰不同施工阶段绘制施工平面图；大型新建建筑装饰工程，则可根据施工的具体情况灵活运用，可以单独绘制，也可与主体结构施工阶段的施工平面图结合一起，利用结构施工阶段的已有设施；对于局部装饰项目或改建项目，现场能够利用的场地很小，各种设施都无法布置在现场，除了合理地设计施工平面图，还要安排好材料供应运输计划、堆放位置、道路走向等。在实际设计中，各种因素往往互相牵连、互相影响，要求反复酝酿，充分考虑平面和空间的可能性和合理性。

二、施工平面图设计的要点

（一）垂直运输设备

垂直运输设备（如外用电梯、施工电梯、井架）的位置、高度，需结合建筑物的平面形状、高度和材料、设备的重量、尺寸大小，考虑机械的负荷能力和服务范围，做到便于运输，便于组织分层、分段流水施工。

（二）混凝土和砂浆搅拌机、木工棚、仓库和材料、设备堆场的布置

（1）木工棚、水电管道及铁活的加工棚宜布置在建筑物四周的较远处，并有相应的木

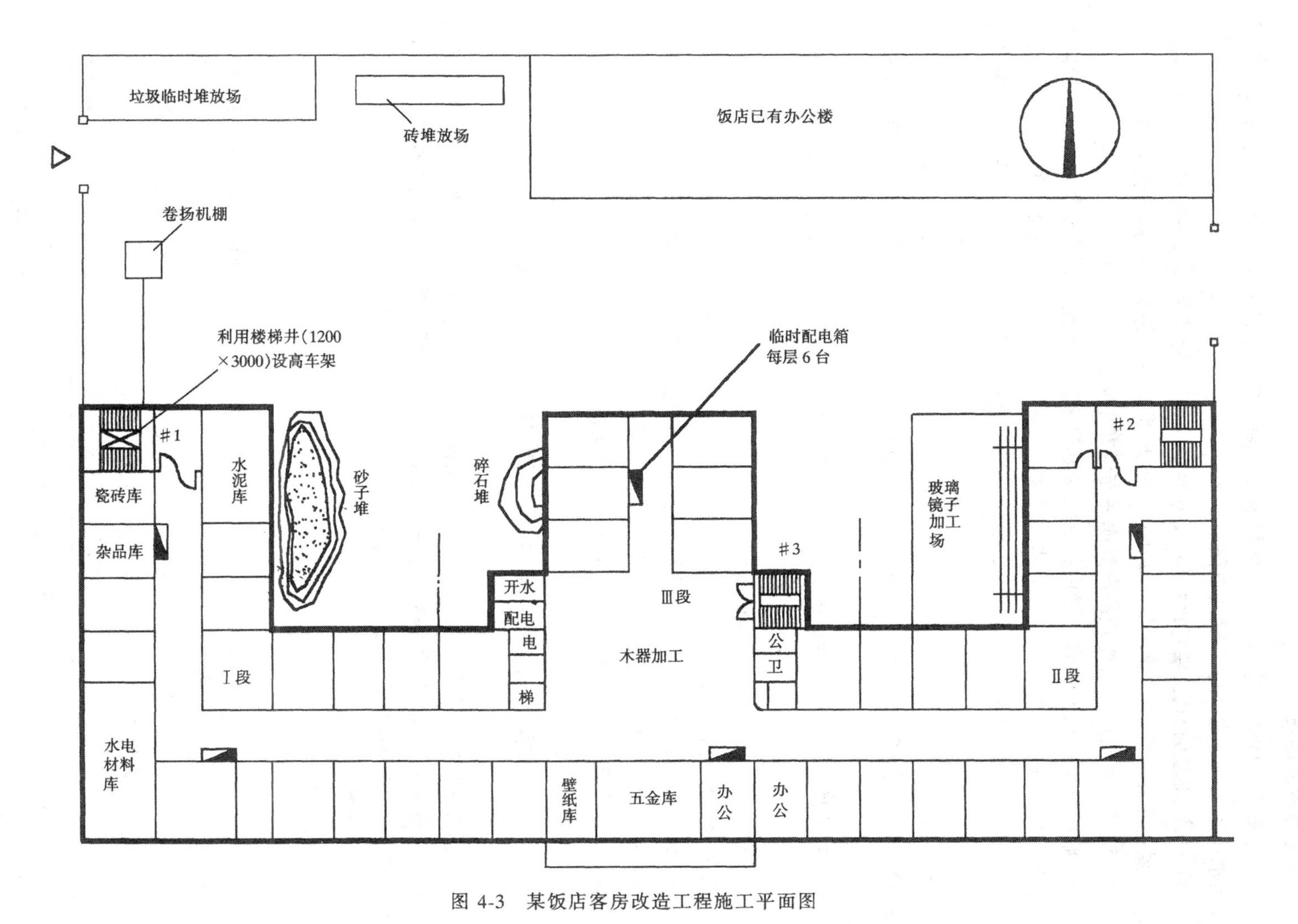

图 4-3 某饭店客房改造工程施工平面图

材、钢材、水电材料及其成品的堆场。单纯建筑装饰施工的工程，最好利用已建的工程结构作为仓库及堆放场地。

（2）混凝土、砂浆搅拌站应靠近使用地点，附近要有相应的砂石堆场和水泥库，砂石堆场和水泥库必须考虑运输车辆的道路。

（3）仓库、堆场的布置，要考虑材料、设备使用的先后，能满足供应多种材料堆放的要求。易燃、易爆物品及怕潮、怕冻物品的仓库须遵守防火、防爆安全距离及防潮、防冻的要求。

（4）沥青熬制地点必须离开易燃品库并布置在下风向。

（5）临时供水、供电线路一般由已有的水电源接到使用地点，力求线路最短。消防用水一般利用城市或建设单位的永久性消防设施，如水压不够，可设置加压泵、高位水箱或蓄水池；建筑装饰材料中易燃品较多，除按规定设置消火栓外，在室内应根据防火需要设置灭火器。

（6）井架、外用电梯、脚手架等高度较大的施工设施，在雨期应有避雷设施。高井架顶部应装有夜间红灯，现场的井、坑、孔洞应加堵盖或设围栏。地下室、电梯间等阴暗部分应设临时照明。

（7）石材堆放场应考虑室外运输及使用时便于查找，同时应考虑防止雨淋措施。

（8）木制品堆放场应考虑防雨淋、防潮和防火。

（9）贵重物品应放置在室内防丢失。

（三）临时设施的布置

临时设施的布置要不影响正式工程的施工，在改建、扩建工程中，还应考虑生产（经营）与工程施工互不妨碍，符合劳动保护、技术安全和防火要求。

图 4-3 为某饭店客房改造工程施工平面布置实例。

*第七节　单位装饰工程施工组织设计实例

本实例为某市西郊花园别墅中心会所的装饰工程施工组织设计，仅作为教学要求编写，并不是规定的模式。实际编制时，一定要结合装饰工程和施工现场的具体情况，其中有些带有说明性质的叙述可以进一步简化。

一、工程概况

（一）工程特点

1. 装饰项目

本工程为某市西郊花园别墅中心会所的室内装饰，总建筑面积为 3262m^2，其主要项目的实物工程量一览表见表 4-6。本工程分上、下两层，由休闲、娱乐、购物、办公等设施所组成，是该花园别墅不可缺少的配套服务设施。工程建成并交付使用后，必将完善整个别墅小区的正常运作，并为业主带来预期的经济收益。

主要项目实物工程量一览表　　　**表 4-6**

序号	项　目	实物工程量（m^2）	序号	项　目	实物工程量（m^2）
1	大理石、地砖地面	65、260	5	墙、柱面装饰	1630
2	水磨石地面	100	6	造型吊顶	1700
3	国产花岗石	40	7	涂料涂饰	350
4	PVC 塑料、硬木企口地板	75、65			

本工程建设单位为某房地产开发公司，设计单位为该市建筑设计院，监理单位为某甲级监理公司，施工单位为该市一级建筑装饰工程公司。

本工程造价约为550万元，合同施工工期为103d，开工日期为2002年3月5日，竣工日期为2002年6月15日。

2. 装饰设计

本工程由业主聘请该市建筑设计院著名建筑师进行装饰设计。建筑装饰风格与完工的花园别墅群相一致，呈现代装饰流派风格。室内以浅黄为主色调，建筑外观则以灰白色为主，整个装饰效果显得较为简洁淡雅、稚拙粗犷，与室外庭院中西合壁的园艺相得益彰。

室内装饰的空间造型配合平面形状，以圆、弧形为母线，设计了对称布置的弧形楼梯、环形的走廊、中庭屋面的圆锥形玻璃顶棚等。选用的材料质感，除局部镜面、玻璃隔断外，都以毛面、亚光、平光为主。色彩的处理以浅黄、白色系列为主，所有顶面几乎都采用白色，墙面、地面则基本采用桔黄、米黄的石材和色漆。图案的组合比较简单，仅在过厅、门厅和大厅中央地面采用圆弧组合的大理石拼花。灯光照明方面，除在中庭上空设大型吊灯外，都采用内藏式的筒灯、日光灯照明。整个室内装饰采用真材实料，材料质感对比、色彩对比柔和，给人以轻盈、温暖、朴实无华的感觉。

3. 施工特点

本工程为室内装饰工程，在施工过程中，必将与承担结构施工、室外装饰施工、水电设备安装施工的承包商们发生工作上的接触和联系，如何正确处理好与这些承包商们的关系，对能否保证工程施工质量及按期竣工都将是至关重要的。

由于建筑设计功能的多样性，决定了其装饰做法的丰富多彩，增加了施工的复杂程度。这就要求本工程的承包商必须是一家颇具实力并具有成功经验的装饰施工企业。

（二）地点特征

本工程地处某市西郊，座落在某山的北坡上，东南面山，西眺人工湖景区，风景宜人。北面附近有已完工的花园别墅，施工时应注意保护。西面有较大空地，可作为施工的主要场地。

（三）施工条件

本工程施工现场可从现有公路出入。施工用水、用电均从原有泵房、变电房内接出。工程材料、成品及半成品等均可经公路直接运入工地，除瓷砖、釉面砖、玻璃马赛克、门窗大五金件、空调设备、灯饰灯具、洁具及配件等由业主供应外，其它所有材料、设备均由施工承包单位负责采购，供货渠道已经落实。施工机具、劳动力由施工单位根据工程进度统一调配，来源已有保证。施工项目管理机构及人员已基本落实。

二、施工方案和施工方法

本项目按桩基础工程、建筑工程、室内装饰工程三个阶段进行施工招标，其中室内装饰工程由我公司中标承建，并以包工、包料、包质量、包工期的方式进行施工总承包。

（一）施工方案

考虑到本工程工期较紧、施工工艺复杂，我公司将组成精干的施工队伍投入到本工程的施工中去。这支施工队伍的管理层由我公司经验丰富的工程技术人员担任，作业层由专业施工队伍组成，这支施工队伍是我公司经过多年实践检验精选出来的技术过硬的专业作业队。

通过我们对本工程的认真分析并结合我公司的综合实力，我公司有能力、有信心优质快速地完成本工程装饰施工，为业主献上一份满意的装饰作品。

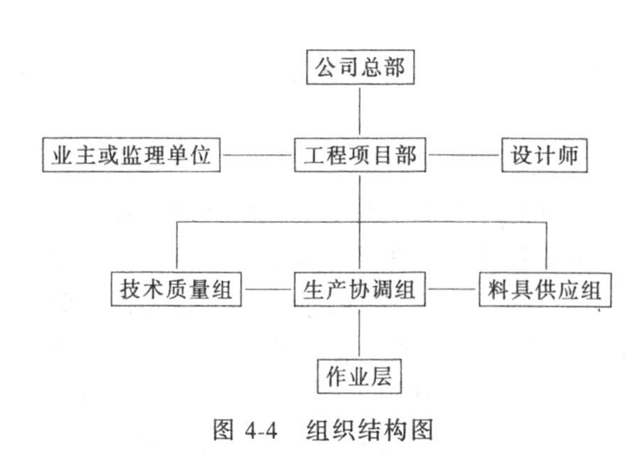

图 4-4　组织结构图

1. 组织机构图（如图 4-4 所示）

2. 组织施工的指导思想

（1）树立“遵守合同、确保工期、质量第一、用户至上”的思想，科学管理、精心组织、合理安排，按期、保质、保量地完成本工程任务。

（2）全面质量管理（TQC）是提高工程质量的一个行之有效的好办法，我们必须按照 TQC 的原则指导和开展工程的各项工作，抓质量必须着眼于全体人员和整个过程。

（3）进一步加强工程项目部的建设，委派基本功扎实、经验丰富、有魄力、责任心强的人员任项目经理，并配备各专业的得力人员充实项目管理班子，尤其应加强技术管理和合同管理人员的配备，提高项目部的组织协调和应变指挥能力。

（4）注意抓好材料采购工作，尽量缩短采购时间。尤其对进口石材的材料样板认定，应尽早落实货源和订货工作，千方百计缩短供货时间。

（5）采取各种有力措施，确保现场施工连续、均衡、有节奏。如：合理安排交叉施工，加强成品和半成品保护，必要时采取加班措施等，减少现场高峰期的施工人数，尽量避免不均衡施工带来的不利影响。

（6）加强对湿作业的管理，施工安排尽量紧凑，采取有关措施如适度加班作业等，尽量降低湿作业对工程进度的不利影响。

3. 施工程序

本工程的施工程序是：先湿作业后干作业，先室外后室内，先上部后下部，先普通后高级。

装饰工程不分段，在屋面、室外装饰工程完成后，采用自上而下的流向进行室内装饰。

（二）施工方法

1. 测量放线

我公司工程项目部进入施工现场后，将立刻组织测量人员按设计图纸要求对主体结构有关尺寸进行检测复核，了解主体结构施工中存在的偏差，并通过我公司与负责主体结构施工的承包商之间的特殊关系，本着共同对业主负责的原则，积极谋求主体结构施工承包商的理解与支持。

装饰工程测量主要控制垂直标高和平面位置尺寸。垂直标高的控制主要是在室内墙、柱面上设置两道水平线：一道高出楼地面建筑标高 50cm，即“50 线”；另一道为吊顶面板标高控制线，该线要按有关操作规程起拱，起拱值为房间跨度的 1/200。平面位置的控制主要是采用弹墨线方法标出控制线，如：在“吊顶面板标高控制线”上标出吊顶龙骨分格线，在“50 线”上标出墙面瓷砖粘贴分格线，在地面上直接标出横、纵向分格线，以保证墙、顶、地面装饰施工的顺利进行。

每道具体装饰工序开始施工前，都要先进行测量放线，待测量放线完成并经有关质量控制人员复核验收后，方可开始施工操作。

2. 地面施工

(1) 板块面层铺设

1) 塑料板面层

a. 工艺流程：基层清理→弹线找规矩→配兑胶结剂→塑料板的清擦→刷胶→粘贴→滚压

b. 施工要点:选用清洁完整、颜色质地均匀的面层材料;水泥地面基层必须保持清洁干燥;铺设时板与板之间要粘拼紧密、无明显接缝,对角要整齐,拼口要甩在房间边缘处。

2) 地砖面层

a. 工艺流程：基层清理→抹底层砂浆→弹线→铺砖→拨缝、修整→勾缝→养护

b. 施工要点：材料要尺寸一致、色泽相同、无缺棱掉角现象，采用优质瓷砖胶；基层要平整、干燥、无杂物；铺贴前要弹好线，保证砖缝均匀、横纵成直线。

3) 地毯面层

a. 工艺流程：基层处理→弹线→地毯剪裁→钉倒刺板挂毯条→铺设衬垫→铺设地毯

b. 施工要点：先将铺地毯部位的踢脚板做好，然后沿墙边钉木条（木条与墙边线之间留6mm空隙，铺好底胶并用原胶白胶浆粘结牢固），接着在地毯接头处涂上原胶并用线缝接（要无明显缝隙），再在地毯背面接头处加胶粘牢（若有高低不平现象，要用电剪修齐），最后在端头部位加订金属压条。

(2) 木面层铺设

1) 工艺流程：基层清理→弹线→配胶结剂→木地板清擦→刷胶→粘贴地面→保护→磨光→打蜡

2) 施工要点：全部采用企口地板，拼接要严密；基底必须清洁干燥；铺贴完毕后要静置四天，不得上人扰动；用磨光机将地板磨至平滑，用本身木粉拌木胶将木板缝隙填嵌密实；交工前打蜡。

3. 墙面施工

(1) 石材饰面板安装

1) 工艺流程：钻孔、剔槽→穿铜丝→绑扎钢筋网→吊垂直、找规矩弹线→安装大理石→灌浆→擦缝

2) 施工要点：所有石料必须色泽和花纹大致相同，无裂痕和破损角；石材安装前要弹线，并从最下层开始，每次一层，石块与墙面间用1:2.5水泥砂浆填充，待水泥砂浆达到强度后再安装第二层。

(2) 瓷砖饰面砖粘贴

1) 工艺流程：基层处理→弹线、找规矩→贴灰饼→抹底子灰→弹线→粘瓷砖→调整

2) 施工要点：饰面砖要选用同厂家、同规格、同批号的优质产品，以保证装饰效果；施工前要按设计及工艺标准要求进行基底处理，并弹线放出分格线。

(3) 墙面涂饰

1) 工艺流程：墙面基层处理→弹线、分格→拌制面层用料→面层喷涂→起分格条→勾缝

2）构造与做法：先在墙面上刷一道表面处理剂，10 厚 1:2.5 水泥砂浆分层抹平，5 厚面层涂料涂饰。

3）施工要点：先测量放线后施工，喷涂涂饰分两遍完活，两遍间隔 1～2h；分格条直接粘放在水泥砂浆底层上，不需喷涂的部位要遮盖好。

（4）壁纸裱糊

1）工艺流程：基底处理→涂光油→底涂胶→粘贴

2）施工要点：纸面要坚韧、洁净；纸与胶要相配（即国产纸用国产胶粘贴，进口纸用进口胶粘贴），严禁使用过期或不相配胶；应从顶端向下粘贴，并用线锤挂垂直线；粘第一张墙纸的位置，应选择从墙边起的第二张位置开始粘贴；壁纸涂胶时，先将胶倒在纸的中央，后用排笔向两边刷平。

4．吊顶施工

（1）工艺流程：弹线→安装大龙骨吊杆→安装大龙骨→安装小龙骨→安装罩面板→安装压条→刷防锈漆→面层施工

（2）施工要点：在轻钢龙骨吊顶施工前，我公司将选取有代表性的房间做样板，对起拱值、灯槽洞口的构造处理、分块及固定方法等进行试装，并请监理、业主确认后方可大面积展开；吊杆固定采取电锤打孔、埋设胀管螺栓的方法，胀管螺栓选用规格为 M6，与吊杆勾紧；吊杆间距小于 1.20m，距墙 20cm；吊顶前应先在四周墙上弹出水平控制线，以控制吊顶标高和起烘，并在该水平线上标出龙骨位置；吊顶面板用专用胶粘结。

5．木门窗安装

（1）工艺流程：弹线确定位置→掩扇及安装样板→框安装→扇安装

（2）施工要点：木门进场后要有出厂合格证，外观检查应符合有关规定，大规模施工前要先做样板，并请监理、业主确认。木门框与结构连接有两种方法：一是将铁板固定在木框上，后用射钉将该铁件与结构固定；二是将结构钢筋剔出，用钢筋将铁板（已固定在木框上）与结构钢筋焊接在一起。2.10m 高木门每侧 3 个连接点，高于 2.10m 木门每侧至少 4 个，应避开合页均匀布置，掩扇时要先确定开启方向。

6．轻质隔墙工程

（1）工艺流程：墙位放线→安装门洞口框→安装顶、地龙骨→竖向龙骨分档→安装竖向龙骨→安装横向龙骨→安装石膏罩面板→施工接缝做法→面层施工

（2）施工要点：采用轻钢龙骨外罩双层石膏板，墙厚 125mm；竖向龙骨上下两端插入顶、地龙骨，调整垂直及定位准确后，用铆钉固定；靠墙、柱边龙骨用射钉或木螺丝与墙、柱固定，钉距为 1m。

7．隐框玻璃幕墙工程

（1）设计要点：采用 12mm 浅绿色平板玻璃，加工成 12＋12 夹层玻璃，窗框与基层间采用环氧树脂砂浆填塞。

（2）安装工艺流程：如图 4-5 所示。

（3）施工准备

主要有：将采用的各种材料样板送监理、业主确认，学习并掌握设计要求，制订夹层玻璃加工计划，环氧树脂砂浆经试配并确定配合比，夹层玻璃的品种、规格及加工完成尺寸均应符合设计要求，用作窗框的钢槽经热镀锌处理，其他辅助材料准备齐全并符合有关要求。

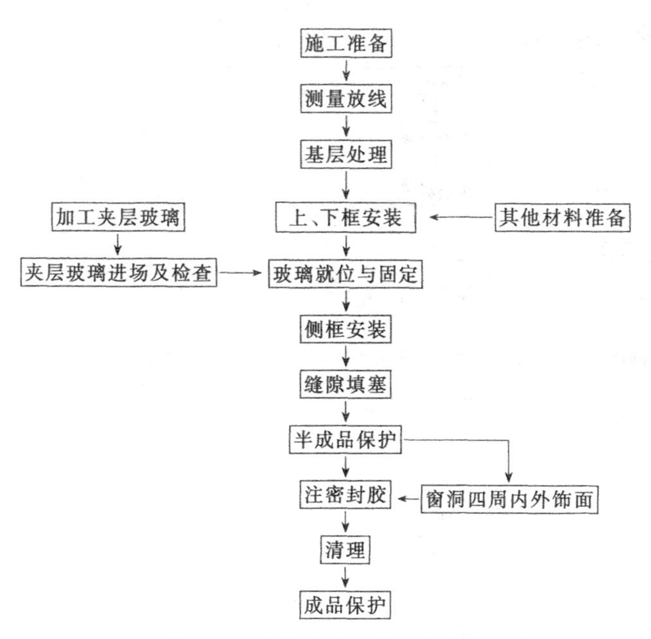

图 4-5 隐框玻璃幕墙工程安装工艺流程

（4）施工要点

1）测量放线：检查窗台标高、窗顶标高是否符合设计要求，确定窗框安装位置并放出位置线和标高线。

2）窗框安装：安放窗框并检查位置是否正确，经核查无误即将窗框临时固定，将窗框和预埋铁件或螺栓焊接固定。

3）玻璃就位与固定：将窗框内杂物清除干净，把橡胶垫嵌入底框内，用玻璃吸盘器把玻璃吸紧抬起，先将玻璃插入顶框内，然后放在底框橡胶垫上，安装通长橡胶压条固定玻璃。

4）注密封胶：待窗洞四周内外饰面完成后，在玻璃四周缝隙内注入密封胶成一条表面均匀的直线，刮去多余的密封胶并用干净布擦去胶迹。

8. 墙、柱面石板材安装

墙、柱面石板材安装工艺流程如图 4-6 所示：

（1）石板就位与固定

1）因采用的三种主要石材均无大花纹，不必事前预排，但需事前按色泽差异进行分组，同一墙面必须使用同一色组的板材；

2）将石板就位，检查石板色泽是否与相邻石板的色泽一致，尤应注意与相邻石板接缝处的色泽是否一致；

3）与相邻石板的连接销对齐，连接件挂牢在横筋上，用木楔垫稳石板，用靠尺检查并调整平直；

4）大角处拉钢丝找垂直，每层石板应拉通线找平找直，阴阳角应套方；

5）如发现缝隙大小不均匀，应调整、垫平使石板的缝隙均匀一致，并保证每层石板的上口平直，然后将石板固定。

（2）分层灌浆

1）按确定的配合比拌制砂浆；

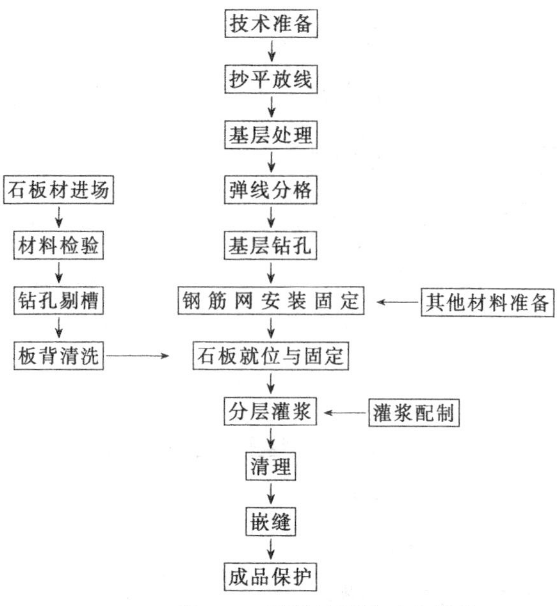

图 4-6 石板材安装工艺流程

2）灌浆前先浇水湿润石板材及基层；

3）灌浆时，应用竹片边灌浆边插捣，使砂浆充实缝隙；

4）第一层灌浆高度约为150mm，并不得大于1/3石板高度；待砂浆初凝后，才能继续灌注下一层砂浆；以后的灌浆高度应控制在200～300mm左右；每层板最后一次灌浆应比板块上口低50mm，并将上口残留浆液清理干净；

5）灌浆初凝后应浇水保养。

（3）主要注意事项

1）保证同一墙面石板材的色泽均匀一致，相邻墙面间的石板材色泽基本一致；

2）基层及板背应清洁干净，灌浆前应浇水湿润，灌浆用砂浆稠度应适当，灌浆时要用竹片边灌边插捣，以保证灌浆饱满密实；

3）灌浆后应及时将残留在板口及板面的浆液擦干净，完成一片墙面并清理好工作面后，应随即在大理石板面擦蜡以利成品保护。

9．木龙骨胶合板隔墙安装

（1）设计要点

1）基层抹水泥砂浆，然后涂刷防潮漆；

2）木龙骨及衬底胶合板背面涂刷防腐剂，然后涂防火漆；

3）采用印尼白木饰面胶合板贴面，面层涂料涂饰采用硝基内用磁漆。

（2）工艺流程

木龙骨安装应在门窗框安装完成后进行，衬底板、饰面板安装应在室内墙柱面、楼地面块料铺贴基本完成后进行。

（3）施工准备

1）施工采用的木材、涂料色板、饰面油漆样板，应送监理、业主确认批复；

2）龙骨料采用红白松烘干料，规格、含水率应符合设计要求；

3）衬底板采用大芯胶合板，厚度15mm；

4）饰面板为3mm印尼白木饰面胶合板；

5）应做好防潮漆、防腐剂、防火涂料以及膨胀螺栓、钉子、乳胶等材料准备。

（4）施工要点

1）木龙骨架制作：根据房间大小和墙面的高度，先将木龙骨在地面进行整片或分片拼装，钉成木龙骨架。

2）木龙骨架安装与固定：

a. 安木龙骨架前，先检查基层墙面的平整度和垂直度是否符合质量要求，如有误差则采取基层木骨架调整法，即在墙、柱基层与木龙骨架间垫木方或木楔，调整其平整度和垂直度；

b. 木龙骨架经调整后，将骨架竖起靠在待安装的墙面上，调整其平整度和垂直度，用膨胀螺栓或圆钉将骨架固定在墙上。

3）饰面胶合板贴面：

a. 经检查衬底胶合板的垂直度与平整度符合要求后，再安装饰面胶合板；

b. 按设计要求在衬底板上弹出分格线；

c. 按设计要求的大小裁饰面板，木纹根部向下，上下相邻板块对接处花纹应通顺，四边修整刨平；

d. 先在板背均匀地涂刷乳胶液，按分格线贴在衬底板上，然后用气枪钉进行固定。

（5）主要注意事项

1）木材含水率要求小于12%；

2）饰面板裁料与拼装都要注意与相邻板块的木纹通顺；

3）饰面板裁料时的尺寸应比设计的分格尺寸略大，用细刨刨边后的尺寸则要和设计要求尺寸一致；

4）打钉时要将气钉枪压紧板面，以保证钉头嵌入板内；如有钉头外露，应用铁冲将其冲进板内，然后用腻子刮平。

除此以外的其他施工工艺我公司将根据业主和设计师、监理师的要求以及现行的有关规定执行。

（三）主要技术组织措施

1. 管理制度

（1）实施工程质量例会制度，对每日完成工作的质量情况进行小结分析，及时发现问题，提出解决措施。

（2）工长、质量员必须每日巡视施工现场，及时发现问题、解决问题并做好记录，使各种质量隐患消灭在平时的施工过程中。

（3）建立健全质量保证体系，落实质量责任制，加强现场施工管理，抓好工人岗位技能的培训，提高技术素质，有关管理人员和特殊工种持证上岗。

（4）实行严格的质量控制程序，重点控制工序质量，具体措施是：工序交接有检查，质量预控有对策，施工项目有方案，技术措施有交底，配制材料有试验，隐蔽工程有验收，质量处理有复查。

(5) 每周召集工程例会，请业主代表、设计、监理等有关人员参加，重点总结本周的工程进度、质量及材料供应中的各种问题，同时提出下周的工作内容及应解决和注意的问题。

2. 保证工程质量措施

我们的质量目标是按照《建筑装饰装修工程质量验收规范》(GB50210—2001) 以及现行的有关标准为依据，确保工程质量验收合格，并争创市装饰样板工程。

(1) 通过落实各级人员的岗位责任制，保证各项技术管理制度的贯彻执行，严格按技术管理程序开展工作。

(2) 健全公司、项目部、班组三级质量监督组织体系，工程项目部设专职质检组，班组设兼职质检员。

(3) 用全面质量管理的观点和方法，指导各项施工管理活动的开展，积极提倡和开展TQC小组活动。

(4) 严格执行有关规范、规程和施工工艺标准，严守合同，准确把握设计图纸的各项要求。

(5) 做好对材料采购的技术监督工作，认真进行材料检验，切实把好材料质量关。

(6) 加强高级装饰材料和器具的保管，避免造成破损或污染。

(7) 坚持做好施工前的技术交底工作，使每位施工人员在作业前就了解并掌握设计要求、操作工艺和质量标准。

(8) 施工中要认真检查质量情况，及时做好隐蔽工程的记录和验收。

(9) 分项工程施工完成后，认真进行工程质量验收，发现不合格品则坚决返工重做。

(10) 抓好各项成品和半成品保护措施的落实。

3. 保证安全施工措施

为了实现重伤和死亡事故均为零、轻伤率在0.6%以下的安全管理目标，本工程在施工安全方面要重点作好以下几方面工作：

(1) 严格执行各项安全管理制度和安全操作规程，落实安全生产责任制。

(2) 坚持做好经常性的安全生产教育和施工前的安全交底工作，强化各级施工人员的安全意识，充分认识到安全生产的重要性。如：工长下达生产任务时，必须首先对施工班组进行有针对性的安全交底；进行安全教育，要例举装饰工程中的安全事故，以消除对室内装饰工程的安全麻痹思想；对劳务人员要做到集中培训、统一考试，合格后方准上岗，并与其签订有实质内容的安全合同。

(3) 根据工程具体情况，制订切实可行的安全技术措施并坚持贯彻执行。

(4) 必须健全安全生产检查制度，配备适量的专职安全员，现场巡回检查各施工段的安全生产状况，及时发现隐患并给予指正，对违章作业人员进行通报或经济处罚，屡教不改者清退出场。

(5) 施工用脚手架 (2m以上) 均由架子工搭设，其他人员不经允许不得随意搭设、改装、拆除脚手架。

(6) 禁止闲杂人员进入施工场地，施工人员非工作需要也不得进入施工作业区。

(7) 易燃、易爆、有毒物品必须集中存放、妥善保管，这些装饰材料的施工及其放置的库房，要采取防火、防爆、防毒措施，并要在施工现场设立醒目的防火、防爆、防毒警示标牌。

(8) 作好“四口”(楼梯口、出入口、阳台口、电梯井口等)的防护工作,要在四周设两道防护栏杆,洞口宽度超过1.5m×1.5m时,中间要设安全网。楼梯通道要随楼层设置防护栏杆。建筑物出入口应搭设长3~6m,且宽于出入通道两侧各1m的防护棚,棚顶满铺不小于5cm的脚手板。临近施工区域的人行通道必须支搭防护棚,并设明显的标志牌,以确保安全。

(9) 严格检查落实安全网、安全帽、安全带、配电箱等防护用品的使用和质量,经检查验收合格后方准使用。

(10) 应重视抓好用电安全和消防安全。施工用电的线路和设施的设置均必须符合有关安全操作规程的要求,严禁“乱拉乱搭”。制订消防预案,组织兼职消防队,合理配备灭火装置,在施工作业区内严禁吸烟。

(11) 加强机电设备、设施的管理,一方面使用人员应持证上岗、加强责任心、严格管理和妥善保管,各种机械设备要专人操作、定期检查和严禁带病运作;另一方面,非相关人员不得擅自移动和拆改,尤其是在进行湿作业时,应查看周围环境,严防漏电伤人和损坏机电设备、设施事故的发生。

(12) 施工时应有照明设施以保障光线不足处或夜间的施工安全。

(13) 垂直交叉作业应注意上下呼应,必要时应设观察人员,负责提醒、疏散处于下方的施工人员。

(14) 施工现场用电采用三相五线、三级配电、二级保护制度。认真作好各类电动机械和手持电动工具的接地或接零保护。人力移动电动机械时,要切断电源,严禁带电作业。

(15) 必须使用标准配电箱。移动式配电箱、开关箱应将其箱体牢固装设在坚实、稳定的支架上。导线进出口设在箱体下方,并加强绝缘,以防止雨水、沙尘进入箱内,箱内严禁放置杂物。

(16) 开关箱应采用“一机一闸漏电保护”的原则。一般施工场所应选择漏电动作电为30mA的漏电保护器,在潮湿或危险性大的场合应选择漏电动作电流为15mA的漏电保护器,以确保操作人员的安全。各种机电设备、设施(如闸箱、电钻等)均应有漏电保护装置。

4. 成品和半成品保护措施

(1) 墙、柱面石板材安装完成以后必须及时将表面残留的水泥浆液清除干净,大理石表面应及时擦蜡以免被污染;仍有下道工序作业的区域,须满铺气泡胶膜,再铺上纤维板防护;木门框边、踏步边角及所有阳角处应采取保护措施,如安装防护板以免碰坏等。

(2) 卫生洁具及高级五金件安装后,应立即用保护纸包裹好。

(3) 涂料涂饰施工前,必须在涂料分界处贴上分色纸条以免污染相邻部位。

(4) 楼梯、大理石地面及地板地面的主要通道处,应做护角及铺垫保护。

(5) 门窗框及玻璃表面采取贴保护膜、加垫、包裹等措施,以防污染和破损;已安装好门扇的房间应用木楔或其他方法使之固定,防止因风损坏,同时不准手推车行走;一旦受到污染应及时清理,铝合金窗框的划痕应用色剂染补。

（6）因油漆刷好后要求通风，此时应注意插好门窗插销，防止刮风使玻璃损坏。

（7）工程交验前方可拆除门窗的保护装置，撕贴膜时严禁用刮刀以防损坏门窗。

（8）轻钢龙骨吊顶骨架严禁拴吊重物及人员拉拽，吊顶内所有管道试压试水通过后方可进行面板的安装。

5．文明施工措施

（1）健全文明施工责任制，明确划分区域的管理责任人，勤于检查、及时整改。

（2）保持施工现场的场地平整和清洁，保持道路的坚实和畅通，排水设施应贯通并布置合理。

（3）工人操作地点和周围必须清洁整齐，做到活完脚下清、工完场地清。

（4）砂浆和散体材料在搅拌或运输、使用过程中，要做到不洒、不漏、不剩，在使用地点盛放必须有容器或垫板，如有洒、漏要及时清理。

（5）室内清除的建筑垃圾，应用尼龙编织袋等容器装载外运，严禁从门窗洞口向外抛掷。

（6）施工现场不准乱堆垃圾及余物，应在适当地点设临时堆放点，定期外运。

（7）严禁在施工场地内随地大小便。

（8）视需要设置宣传标语，并注意适时更换内容。

（9）现场办公室、仓库、宿舍、伙房及临时卖饭处均要经常打扫，保持清洁卫生。

（10）施工现场设置的临时厕所，要经常打扫保持清洁卫生，每天定时进行消毒。

6．节约成本措施

（1）认真会审图纸，提出既能满足设计要求、保证工程质量，又便于施工、降低成本的修改建议。

（2）制订经济合理的施工方案，合理布置施工现场。

（3）组织均衡生产，搞好现场指挥调度和协作配合。

（4）加强施工过程的技术质量检验制度，保证工程质量，避免返工损失。

（5）改善劳动组织，合理使用劳动力，减少窝工浪费。

（6）加强劳动纪律，尽量实行计件工资制，提高劳动生产率。

（7）正确选配和合理使用施工机具，降低机械费用和工具费用。

（8）搞好机械设备的保养和维修，提高利用率和使用效率。

（9）材料采购坚持货比三家的原则，减少材料采购费用。

（10）改进材料运输、收发、保管等工作，减少各环节的损耗及费用。

（11）执行限额领料制度，合理使用材料，减少不必要的浪费。

7．技术资料管理措施

（1）建筑装饰、给排水与采暖、建筑电气等工程的质量控制资料内容见表4-7。

工程质量保证资料 表4-7

类别	序号	资料名称	份数	核查情况
建筑装饰	1	图纸会审、设计变更、洽商记录		
	2	测量、放线记录		
	3	原材料出厂合格证书及进场检验报告		

续表

类别	序号	资 料 名 称	份数	核查情况
建筑装饰	4	施工试验报告及见证检验报告		
	5	隐蔽工程验收记录表		
	6	施工记录		
	7	分项、分部工程质量验收记录		
	8			
给排水与采暖	1	图纸会审、设计变更、洽商记录		
	2	材料、配件出厂合格证书及进场检验报告		
	3	管道、设备强度试验、严密性试验记录		
	4	隐蔽工程验收记录表		
	5	系统清洗、灌水、通水、通球试验记录		
	6	施工记录		
	7	分项、分部工程质量验收记录		
	8			
建筑电气	1	图纸会审、设计变更、洽商记录		
	2	材料、配件出厂合格证书及进场检验报告		
	3	设备调试记录		
	4	接地、绝缘电阻测试记录		
	5	隐蔽工程验收记录表		
	6	施工记录		
	7	分项、分部工程质量验收记录		
	8			

(2) 项目经理应及时督促工长及时完成工程施工中原始资料的积累，要做到内容清楚、反映真实、项目齐全、及时签认，保证原始资料的及时、连续、完整、准确。工长是单位工程技术资料的主要负责人，原始资料的直接提供者，是保证工程技术资料准确、完整、连贯的重要环节。

(3) 资料员全面负责本工程技术资料的收集、整理、归档、装订工作，应随时掌握本工程技术资料的积累情况，保证技术资料完整齐全，并确保资料与工程同步。

(4) 质量员负责质量检查，并参加工程中的所有预检和隐检，应严格按照验收标准，做到验收有结论，复查有消项，数据准确，签证齐全。

(5) 技术负责人负责管理技术资料，对本工程技术资料要随时检查，并承担准确性、完整性的责任。

(6) 水电安装专业的技术资料由专业工程技术负责人全面负责，应积极主动配合土建工程，及时进行通水打压和电气摇测，并做好甲乙双方的签认手续。

(7) 坚持施工日记天天记，做到施工记录和施工实际相吻合，栏目填写齐全，内容能反映出当日的施工活动情况。

8．消防措施

(1) 要建立现场消防保卫制度并进行全场员工的教育宣传，设专人负责消防保卫的现场巡回检查，及时发现隐患，并监督整改措施的落实情况。

(2) 施工现场各层要设明显的防火宣传标志，在易发生火患的部位（如木材、沥青、涂料等材料堆放及其施工场地）及楼梯口要放置消防器材以备急用，装饰期间所有材料尤其是新型材料应注意产品介绍，其易燃物品也应配备相应灭火器具。

(3) 严格施工现场用火申请手续，如：在电气焊等其他明火作业前，向主管人员办理用火申请，操作者要在批准的时间和范围内施工；根据施工情况适当配备携带灭火器的看火人员，并在明火作业过程中不准离岗；明火附近严禁放置易燃、易爆物品；明火施工现场严禁吸烟，对违反规定者进行批评教育和经济处罚，屡教不改者清退出场。

(4) 在涂料、防水作业房间，要保持通风良好，防止有害气体引起火患和对人体的伤害。

(5) 易燃、易爆物品应单独存放，由专人负责发放，并对使用人员进行必要的消防安全使用知识交底，易燃废弃物也要集中堆放并及时清理。

(6) 因装饰施工中易燃材料较多，故要对电器、电线等加强管理，不准在易燃材料上乱堆乱放，夜班施工时活动照明灯具线路要采取妥善的绝缘保护，灯具与易燃物最小应保持 1m 的间距。

(7) 现场消火栓处应设显著标志，3m 以内不得堆积杂物，消防管道不得挪做它用。

(8) 涂料、油料等化工用品的储存应符合有关安全消防的规定，并建立值班制度。

(9) 电焊、电气焊操作人员应经过专业培训，培训合格后方可上岗；电焊、电气焊操作时旁边应配有看火人员，操作人员自己也应先查看上下、周围的情况，消除起火隐患后再开始操作；电焊、电气焊操作完成后应仔细查看，确认安全后方可离去。

(10) 现场循环道要畅通，不准堆放料具及杂物；楼梯间及各主要通道口要保证通行便利，不得堆料，废弃物要及时清理。

(11) 现场发生火灾事故后要立即组织现场人员及时扑救，但方法一定要得当：油料起火不宜用水扑救，可用泡沫灭火器或采用隔离法压灭火源；电器设备或线路起火时，应尽快切断电源，用二氧化碳灭火器灭火，千万不要盲目向电气设备上泼水，这样容易造成触电或短路爆炸等事故；化学材料起火，要根据起火物质选择灭火方法，同时更要注意扑救人员的安全，防止中毒。当现场出现火灾不能自救时，应及时报警。

9. 环保措施及场容管理

(1) 认真执行上级关于场容管理及环境保护的规定，现场分片落实场容管理责任区，设专人维护场容，做到文明施工，杜绝脏、乱、差。

(2) 节约用水，杜绝跑、冒、滴、漏。

(3) 减少噪声污染，夜间 20：00 以后停止使用噪声超标的机具。

(4) 减少粉尘污染，水泥库等应封闭，清倒渣土时应先洒水湿润。

(5) 搅拌机棚附近应设沉淀池。

三、施工进度计划

据我公司工程技术人员实地踏勘了解到，本工程施工现场尚未完成全部土建施工任务，建筑物的外墙门窗尚未封闭。为确保 2002 年 6 月中旬完成室内装饰施工，必须在保证工程质量的前提下，合理部署，精心安排，加快施工节奏。我们已在着手施工前的准备工作，俟业主办理完开工的所有手续后，我们将以最快的速度进入现场开始施工，本装饰工程施工进度计划安排见表 4-8。

施 工 进 度 计 划　　　　表 4-8

序号	施工项目	施工持续时间（d）	三月			四月			五月			六月	
			10	20	30	10	20	30	10	20	30	10	20
1	校核结构偏差及放线	2	—										
2	水电设备安装与调试	83	—	—	—	—	—	—	—	—	—		
3	墙面修整	40		—	—	—	—						
4	墙面抹灰	40		—	—	—	—						
5	楼地面修整	5		—									
6	楼地面基层	40			—	—	—	—					
7	木门立口	35		—	—	—	—						
8	木门掩扇	60			—	—	—	—	—	—			
9	墙面精装修	30							—	—	—		
10	吊顶龙骨安装	60		—	—	—	—	—	—				
11	吊顶面层安装	75			—	—	—	—	—	—	—	—	
12	楼地面面层	30								—	—	—	
13	细木、五金配件安装	35							—	—	—	—	
14	卫生洁具、灯饰安装	35							—	—	—	—	
15	玻璃安装	20									—	—	
16	家具工艺品安装	20									—	—	
17	涂饰涂料	25								—	—	—	
18	竣工收尾	5											—

四、施工准备工作及各项资源需要量计划

（一）施工准备工作计划

由于材料品种规格较多、装饰构造非标准设计多，再加上工期紧、技术准备的时间比较急促，因此必然造成施工前期的技术管理工作量大大增加；又由于设计上各专业工种图纸间的矛盾较多，再加上业主是民营企业，根据以往工程实践的经验，施工过程中出现大量设计修改将不可避免，因此也必然使施工过程中的技术管理工作量大大增加。

1. 技术准备

（1）组织工程施工技术人员熟悉图纸，在设计技术交底会、施工组织设计报审后，立即进行内部的技术交底、翻样及加工定货工作。

（2）结合我公司在投标中关于质量目标的承诺，确定工程项目部的质量管理、技术管理和质量保证体系，并呈报监理人员、业主审查。

（3）摸清主体结构施工过程中的设计变更情况和有可能出现的偏差。

（4）做好加工定货准备工作，具体落实各种装饰材料的供应厂家、供货时间。

2. 现场准备

（1）重新规划、布置施工现场，新建必要的料具库房和办公用房。

（2）整平施工道路。

（3）组织施工人员及机具设备、脚手架进场。

（二）劳动力、施工机具、主要材料需用量计划

考虑到本工程工期紧迫、施工工艺复杂，我们将在本工程的施工中投入较多的施工力量，其劳动力需用量计划见表 4-9，施工机具需用量计划见表 4-10，主要材料需用量计划略。

劳动力需用量计划表　表 4-9

序号	工　种	人数	备注
1	装饰湿作业	38	两个班组
2	木装饰作业	50	三个班组
3	涂料涂饰作业	18	
4	现场电工	2	
5	其他配合工种	6	

施工机具需用量计划　表 4-10

序号	名　　称	数　量
1	砂浆机、空气压缩机	各 1 台
2	交流电焊机	2 台
3	电锯、电刨	各 1 台
4	手枪钻、冲击钻	12 把、2 把
5	石材切割机、角向磨光机、瓷片切割机	各 4 台

五、施工平面图

我公司工程项目部进入施工现场后，将根据施工现场平面布置图（如图 4-7 所示）及实际情况规划布置施工的各项临时设施。

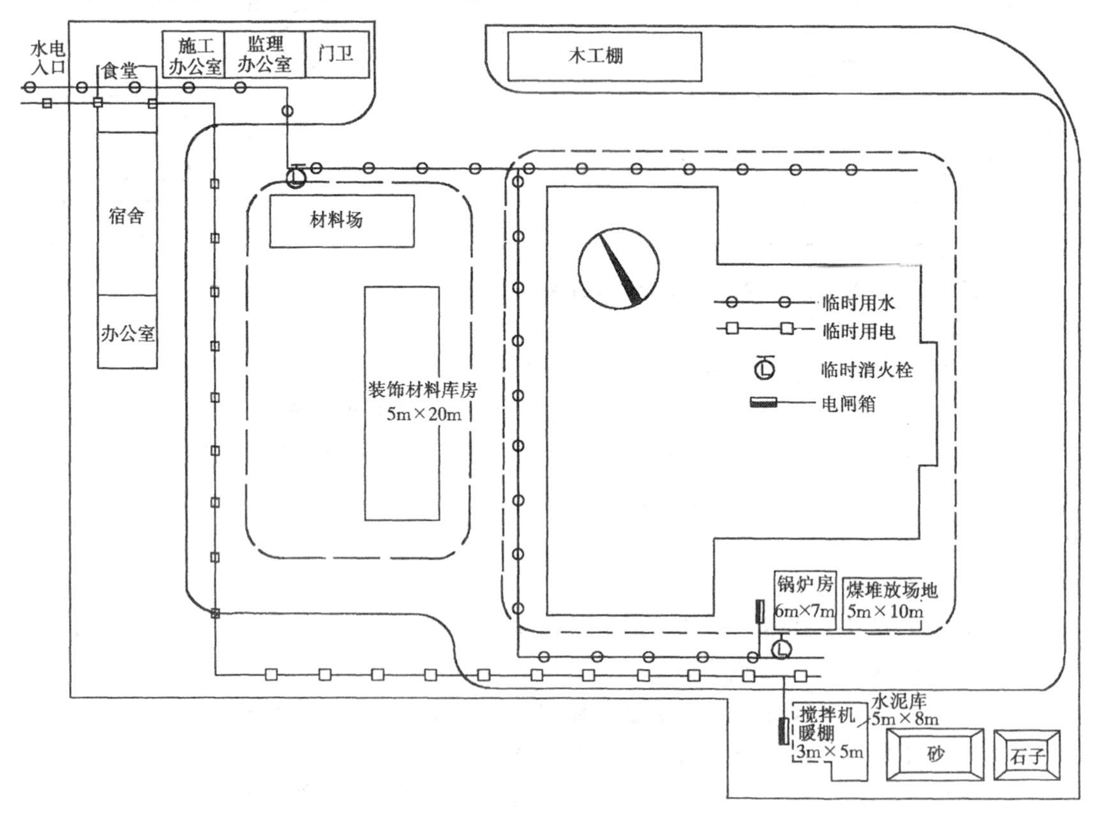

图 4-7　施工现场平面布置图

六、主要技术经济指标

技术经济指标是编制单位工程施工组织设计所能体现的技术经济成果，一般应在编制相应的技术组织措施的基础上进行计算，主要包括：工期、质量、安全等指标；劳动生产率、降低成本率等指标；主要工种施工机具装备、主要装饰材料节约等指标。

1. 全员劳动生产率

$$\frac{\text{装饰造价（万元）}}{\text{平均人数} \times \text{施工工期（年）}} = \frac{550}{114 \times 103 \div 365} = 17.10 \text{ 万元/人年}$$

2. 单位建筑装修面积工程造价

$$\frac{\text{装饰造价（元）}}{\text{建筑面积（}m^2\text{）}} = \frac{5500000}{3262} = 1686 \text{ 元}/m^2$$

思 考 题 与 习 题

4-1. 试述编制单位装饰工程施工组织设计的编制依据、编制程序和编制内容。

4-2. 单位装饰工程施工组织设计的工程概况包括哪些内容?

4-3. 单位装饰工程施工方案和施工方法主要有哪些内容?

4-4. 试述确定单位装饰工程施工流向时应考虑的因素。

4-5. 室内装饰可采取哪几种施工流向?

4-6. 试述单位装饰工程划分施工段的要求和基本原则。

4-7. 选择施工方法应满足哪些基本要求?

4-8. 试述施工进度计划的作用和种类。

4-9. 试述施工进度计划的编制依据和编制程序。

4-10. 试述施工平面图设计的主要内容。

4-11. 试述施工平面图的设计要点。

第五章　建筑装饰施工企业管理

建筑装饰施工企业管理涉及企业各方面的工作，内容十分广泛，本章主要叙述以建筑装饰施工为对象的生产管理、生产要素管理、财务与成本管理等综合管理的基本内容，使学生了解建筑装饰施工企业管理的基本知识、内容和方法。

第一节　建筑装饰施工企业

建筑装饰施工企业是指依法拥有资产、自主经营、自负盈亏、独立核算、从事建筑装饰商品的生产和经营、具有法人资格的经济组织。

建筑装饰施工企业主要从事对新建、改建、扩建和原有房屋等建筑物的室内、室外进行装饰施工，它包括建筑装修装饰、建筑幕墙、金属门窗等专业承包企业和木工、抹灰、石工、油漆、水暖电安装等作业分包企业。

一、建筑装饰施工企业的特征

建筑装饰施工企业与建筑施工企业一样，都应具有以下特征：

1. 拥有规定的资产和相应条件

建筑装饰施工企业必须拥有规定的资产（如注册资本金、净资产）和相应条件（如经营业绩、人员素质、设备能力），并对其依法享有占有、使用和处理的权利。这一特征，使建筑装饰施工企业能在市场经济条件下开展正常的生产、经营活动。

2. 是独立的经济实体

这主要体现在建筑装饰施工企业的自主经营、自负盈亏和独立核算上。企业能按照自己的意愿，在承包工程范围内独立开展经营活动；能对自己的经营效果承担全部经济责任，并据此进行盈亏分摊；能独立地对自己的经营过程进行核算，以工程结算收入抵补成本支出。这一特征，使建筑装饰施工企业区别于其它单纯的施工单位，如建筑装饰公司下属的装饰施工现场项目经理部。

3. 主要从事建筑装饰商品的生产和经营

建筑装饰施工企业是以建筑装饰商品为主营业务的专业承包企业（如建筑装修装饰、建筑幕墙、金属门窗等）或劳务分包企业（如木工、抹灰、石工、油漆、水暖电安装等作业）。

4. 具有法人资格

法人是具有民事权利能力和民事行为能力，依法独立享有民事权利和承担民事义务的组织。企业取得法人资格，便成为独立的市场主体。建筑装饰施工企业，经工商行政管理部门登记注册，取得《企业法人营业执照》，并在建设行政主管部门办理资质申请，取得《建筑业企业资质证书》后，才可以在核准的承包工程范围内从事生产和经营，享有相应的权利、独立承担应负的责任。

5. 是一个经济组织

经济组织是指直接从事经济活动的经济实体。建筑装饰施工企业就是直接从事对新建、改建、扩建和原有房屋等建筑物的室内、室外进行装饰施工的经济实体。这一特征，使建筑装饰施工企业区别于其他不直接从事经济活动的行政机关、事业单位等组织。

二、建筑装饰施工企业的分类及其资质等级

(一) 建筑装饰施工企业的分类

1. 按资产主体分

建筑装饰施工企业按资产主体分为独资企业、合资企业、股份企业。

(1) 独资企业

独资企业只有单一的投资主体，它的资产属某一个投资者所有。独资企业包括国有独资企业、民营独资企业、外商独资企业等。

(2) 合资企业

合资企业有两个以上投资主体，它的资产属投资者共同所有。合资企业的合资形式多种多样，主要有：私有经济之间合资，国有经济和其他经济成分合资，中外合资等。

(3) 股份企业

股份企业也是一种合资企业，但它必须按照公司制企业的要求运作。股份企业有多个投资主体，资产属全体股东所有。股份企业分为股份有限公司、有限责任公司两种形式。

2. 按承包方式分

建筑装饰施工企业按承包方式分为专业承包企业、作业分包企业。

(1) 专业承包企业

专业承包企业是指专门从事某一分部（子分部）工程的装饰施工企业，如建筑装修装饰、建筑幕墙、金属门窗等专业承包企业。

(2) 作业分包企业

作业分包企业是指专门从事某一分项工程的装饰施工企业，如木工、抹灰、石工、油漆、水暖电安装等作业分包企业。

3. 按资质等级分

建筑装饰工程专业承包企业资质分为一级、二级、三级，作业分包企业资质分为一级、二级或不分等级。

(二) 建筑装饰施工企业的资质等级

建筑装饰施工企业的资质，包括企业的经营业绩、人员素质、资本金和净资产、年工程结算收入、设备能力等方面。

为了加强对建筑活动的监督管理，维护建筑市场秩序，保证建设工程质量，建设部令第 87 号发布了《建筑业企业资质管理规定》，并组织制定了《建筑业企业资质等级标准》，明确了建筑装饰施工企业的资质标准和承包工程、作业分包范围。

1. 建筑装修装饰工程专业承包企业资质分为一级、二级、三级，其经营业绩、人员素质、资本金和净资产、年工程结算收入、承包工程范围见表 5-1。

建筑装修装饰工程专业承包企业资质等级标准 **表 5-1**

资质	经营业绩	人员素质	资本金和净资产	年工程结算收入	承包工程范围
一级	近5年承担过3项以上、单位工程造价1000万元以上或三星级以上宾馆大堂的装修装饰工程施工，工程质量合格	企业经理具有8年以上从事工程管理工作经历或具有高级职称；总工程师具有8年以上从事建筑装修装饰施工技术管理工作经历并具有相关专业高级职称；总会计师具有中级以上会计职称 有职称的工程技术和经济管理人员不少于40人，其中工程技术人员不少于30人，且建筑学或环境艺术、结构、暖通、给排水、电气等专业人员齐全；工程技术人员中，具有中级以上职称的人员不少于10人 具有的一级资质项目经理不少于5人	注册资本金1000万元以上，净资产1200万元以上	近3年最高年工程结算收入3000万元以上	可承担各类建筑室内、室外装修装饰工程（建筑幕墙工程除外）的施工
二级	近5年承担过2项以上、单位工程造价500万元以上装修装饰工程或10项以上、单位工程造价50万元以上的装修装饰工程施工，工程质量合格	企业经理具有5年以上从事工程管理工作经历或具有中级以上职称；技术负责人具有5年以上从事装修装饰施工技术管理工作经历并具有相关专业中级以上职称；财务负责人具有中级以上会计职称 有职称的工程技术和经济管理人员不少于25人，其中工程技术人员不少于20人，且建筑学或环境艺术、结构、暖通、给排水、电气等专业人员齐全；工程技术人员中，具有中级以上职称的人员不少于5人 具有的二级资质以上项目经理不少于5人	注册资本金500万元以上，净资产600万元以上	近3年最高年工程结算收入1000万元以上	可承担单位工程造价1200万元及以下建筑室内、室外装修装饰工程（建筑幕墙工程除外）的施工
三级	近3年承担过3项以上、单位工程造价20万元以上的装修装饰工程施工，工程质量合格	企业经理具有3年以上从事工程管理工作经历；技术负责人具有5年以上从事装修装饰施工技术管理工作经历并具有相关专业中级以上职称；财务负责人具有初级以上会计职称 有职称的工程技术和经济管理人员不少于15人，其中工程技术人员不少于10人，且建筑学或环境艺术、暖通、给排水、电气等专业人员齐全；工程技术人员中，具有中级以上职称的人员不少于2人 具有的三级资质以上项目经理不少于2人	注册资本金50万元以上，净资产60万元以上	近3年最高年工程结算收入100万元以上	可承担单位工程造价60万元及以下建筑室内、室外装修装饰工程（建筑幕墙工程除外）的施工

2. 建筑幕墙工程专业承包企业资质分为一级、二级、三级，其经营业绩、人员素质、资本金和净资产、年工程结算收入、设备能力、承包工程范围见表5-2。

建筑幕墙工程专业承包企业资质等级标准 **表 5-2**

资质	经营业绩	人员素质	资本金和净资产	年工程结算收入	设备能力	承包工程范围
一级	近5年承担过高度100m以上、单位工程量10000m² 以上建筑幕墙工程2个或高度60m以上、单位工程量6000m² 以上建筑幕墙工程6个的施工，工程质量合格	企业经理具有8年以上从事工程管理工作经历或具有高级职称；总工程师具有8年以上从事建筑幕墙施工技术管理工作经历并具有相关专业高级职称；总会计师具有中级以上会计职称 有职称的工程技术和经济管理人员不少于40人，其中工程技术人员不少于30人；工程技术人员中，具有中级以上职称的人员不少于10人，且建筑、结构、机械、材料等相关专业人员齐全 具有的一级资质项目经理不少于5人	注册资本金1000万元以上，净资产1200万元以上	近3年最高年工程结算收入4000万元以上	具有：与生产、制作、安装配套的检测设备，用于建筑幕墙加工制作的厂房面积不少于3000m²，制作隐框玻璃幕墙的净化打胶间和固化养护间及配套的机械加工、打胶设备	可承担各类型建筑幕墙工程的施工

续表

资质	经营业绩	人员素质	资本金和净资产	年工程结算收入	设备能力	承包工程范围
二级	近5年承担过高度60m以上、单位工程量6000m^2以上建筑幕墙工程2个或高度20m以上、单位工程量2000m^2以上建筑幕墙工程4个的施工，工程质量合格	企业经理具有6年以上从事工程管理工作经历或具有中级以上职称；技术负责人具有6年以上从事建筑幕墙施工技术管理工作经历并具有相关专业中级以上职称；财务负责人具有中级以上会计职称 有职称的工程技术和经济管理人员不少于30人，其中工程技术人员不少于25人；工程技术人员中，具有中级以上职称的人员不少于5人，且建筑、结构、机械、材料等相关专业人员齐全 具有的二级资质以上项目经理不少于5人	注册资本金500万元以上，净资产600万元以上	近3年最高年工程结算收入1500万元以上	具有：与生产、制作、安装配套的检测设备；用于建筑幕墙加工制作的厂房面积不少于2000m^2；制作隐框玻璃幕墙的净化打胶间和固化养护间及配套的机械加工、打胶设备	可承担单项合同额不超过企业注册资本金5倍且单项工程面积在8000m^2及以下、高度80m及以下的建筑幕墙工程的施工
三级	近5年承担过2个以上单位工程量1000m^2以上建筑幕墙工程的施工，工程质量合格	企业经理具有3年以上从事工程管理工作经历；技术负责人具有5年以上从事建筑幕墙施工技术管理工作经历并具有相关专业中级以上职称；财务负责人具有初级以上会计职称 有职称的工程技术和经济管理人员不少于15人，其中工程技术人员不少于10人；工程技术人员中，具有中级以上职称的人员不少于3人 具有的三级资质以上项目经理不少于3人	注册资本金200万元以上，净资产250万元以上	近3年最高年工程结算收入500万元以上	具有：与生产、制作、安装配套的检测设备；用于建筑幕墙加工制作的厂房面积不少于1000m^2；制作隐框玻璃幕墙的净化打胶间和固化养护间及配套的机械加工、打胶设备	可承担单项合同额不超过企业注册资本金5倍且单项工程面积在3000m^2及以下、高度30m及以下的建筑幕墙工程的施工

3．金属门窗工程专业承包企业资质分为一级、二级、三级，其经营业绩、人员素质、资本金和净资产、年工程结算收入、设备能力、承包工程范围见表5-3。

金属门窗工程专业承包企业资质等级标准　　表5-3

资质	经营业绩	人员素质	资本金净资产	年工程结算收入	设备能力	承包工程范围
一级	近5年承担过下列3项：25层或80m以上建筑物的、面积6000m^2以上的、单项合同额500万元以上的金属门窗工程中的2个以上的施工，工程质量合格	企业经理具有5年以上工程管理工作经历或具有中级以上职称；总工程师具有8年以上从事金属门窗施工技术管理工作经历并具有相关专业高级职称；总会计师具有中级以上会计职称 有职称的工程技术和经济管理人员不少于30人，其中工程技术人员不少于20人；工程技术人员中，具有中级以上职称的人员不少于10人 具有的一级资质项目经理不少于3人	注册资本金500万元以上，净资产600万元以上	近3年最高年工程结算收入1500万元以上	具有金属门窗加工、制作的厂房面积不小于1500m^2，并具有配套的加工、制作、安装设备和检测器具；具有运用计算机进行金属门窗工程设计的能力	可承担各类型铝合金、塑钢等金属门窗工程的施工

续表

资质	经营业绩	人员素质	资本金净资产	年工程结算收入	设备能力	承包工程范围
二级	近5年承担过下列3项：12层或40m以上建筑物的、面积3000m²以上的、单项合同额3000万元以上的金属门窗工程中的2个以上的施工，工程质量合格	企业经理具有3年以上工程管理工作经历或具有中级以上职称；技术负责人具有5年以上从事金属门窗施工技术管理工作经历并具有相关专业中级以上职称；财务负责人具有中级以上会计职称 有职称的工程技术和经济管理人员不少于15人，其中工程技术人员不少于10人；工程技术人员中，具有中级以上职称的人员不少于5人 具有的二级资质以上项目经理不少于3人	注册资本金200万元以上，净资产250万元以上	近3年最高年工程结算收入800万元以上	具有金属门窗加工、制作的厂房面积不小于800m²，并具有配套的加工、制作、安装设备和检测器具；具有运用计算机进行金属门窗工程设计的能力	可承担单项合同额不超过企业注册资本金5倍且28层及以下建筑物、面积8000m²及以下的铝合金、塑钢等金属门窗工程的施工
三级	近2年承担过下列3项：6层或20m以上建筑物的、面积1000m²以上的、单项合同额100万元以上的金属门窗工程中的2个以上的施工，工程质量合格	企业经理具有2年以上工程管理工作经历；技术负责人具有5年以上从事金属门窗施工技术管理工作经历并具有相关专业中级以上职称；财务负责人具有中级以上会计职称 有职称的工程技术和经济管理人员不少于8人，其中工程技术人员不少于5人；工程技术人员中，具有中级以上职称的人员不少于3人 具有的三级资质以上项目经理不少于3人	注册资本金100万元以上，净资产120万元以上	近2年最高年工程结算收入300万元以上	具有金属门窗加工、制作的厂房面积不小于500m²，并具有配套的加工、制作、安装设备和检测器具	可承担单项合同额不超过企业注册资本金5倍且14层及以下建筑物、面积4000m²及以下的铝合金、塑钢等金属门窗工程的施工

4．木工、抹灰、石工、油漆、水暖电安装等作业分包企业的经营业绩、人员素质、注册资本金、设备能力、作业分包范围见表5-4。

木工、抹灰、石工、油漆、水暖电安装作业分包企业资质标准　　表5-4

作业	资质	经营业绩	人员素质	资本金	设备能力	作业分包范围
木工	一级	近3年最高年完成劳务分包合同额100万元以上	具有相关专业技术员或本专业高级工以上的技术负责人； 具有初级以上木工不少于20人，中、高级工不少于50%； 作业人员持证上岗率100%	注册资本金30万元以上	具有与作业分包范围相适应的机具	可承担各类工程的木工作业分包业务，但单项业务合同额不超过注册资本金的5倍
	二级	近3年承担过2项以上木工作业分包，工程质量合格	具有本专业高级工以上的技术负责人； 具有初级以上木工不少于10人，中、高级工不少于50%； 作业人员持证上岗率100%	注册资本金10万元以上	具有与作业分包范围相适应的机具	可承担各类工程的木工作业分包业务，但单项业务合同额不超过注册资本金的5倍
抹灰	不分等级	近3年承担过2项以上抹灰作业分包，工程质量合格	具有相关专业技术员或本专业高级工以上的技术负责人； 具有初级以上抹灰工不少于50人，中、高级工不少于50%； 作业人员持证上岗率100%	注册资本金30万元以上	具有与作业分包范围相适应的机具	可承担各类工程的抹灰作业分包业务，但单项业务合同额不超过注册资本金的5倍

续表

作业	资质	经营业绩	人员素质	资本金	设备能力	作业分包范围
石工	不分等级	近3年承担过2项以上石制作作业分包，工程质量合格	具有相关专业技术员或具有5年以上石制作经历的技术负责人	注册资本金30万元以上	具有与作业分包范围相适应的机具	可承担各类石制作分包业务，但单项业务合同额不超过注册资本金的5倍
油漆	不分等级	近3年承担过2项以上油漆作业分包，工程质量合格	具有相关专业技术员或本专业高级工以上的技术负责人； 具有初级以上油漆工不少于20人，中、高级工不少于50%； 作业人员持证上岗率100%	注册资本金30万元以上	具有与作业分包范围相适应的机具	可承担各类工程油漆作业分包业务，但单项业务合同额不超过注册资本金的5倍
水暖电	不分等级	近3年承担过2项以上水暖电安装作业分包，工程质量合格	具有相关专业助理工程师或技师以上的技术负责人； 具有初级以上水暖、电工及管道技术工人不少于30人，中、高级工不少于50%； 作业人员持证上岗率100%	注册资本金30万元以上	具有与作业分包范围相适应的机具	可承担各类工程的水暖电安装作业分包业务，但单项业务合同额不超过注册资本金的5倍

三、建筑装饰施工企业的权利、责任和利益

建筑装饰施工企业的权利、责任和利益体现了国家与企业的关系。

(一) 企业的权利

建筑装饰施工企业的权利，就是国家授予企业从事建筑装饰商品生产和经营的权利，主要体现在以下几个方面：

1. 生产经营决策权

指施工企业根据市场需要，有权自主作出生产经营决策，生产装饰产品，为社会服务。

2. 产品、劳务定价权

指施工企业在国家规定的范围内，有权自行确定装饰产品的价格和提供劳务的价格。

3. 产品销售权

指施工企业有权在全国范围内自主销售本企业生产的装饰产品。

4. 物资采购权

指施工企业对指令性计划供应的物资，有权要求与生产企业或其他供货方签定合同；对指令性计划外所需物资，有权自行进行选择供货单位、供货方式、供货品种和数量，自主签定订货合同，购进施工生产所需物资，并自主进行物资调剂。

5. 资产管理权

指施工企业有权占有、使用和依法处置企业或国家授予企业经营管理的资产。

6. 联营、兼并权

指施工企业有权按一定方式与其他企业、事业单位联营；有权按照自愿、有偿的原则，兼并其他企业，报政府主管部门备案。

7. 人事管理权

指施工企业有权决定内部机构设置及人员编制、录用、辞退职工，选拔聘用和招聘技术人员、管理人员。

8. 工资、奖金分配权

指施工企业有权依照政府规定的办法，提取工资总额并自主分配工资和奖金。

9. 进出口权

指施工企业有权在全国范围内自行选择外贸代理企业从事进出口业务，参与同外商的谈判。具备条件的企业，经政府有关部门批准，依法享有进出口经营权，在获得进出口配额、许可证等方面享有与外贸企业同等的待遇。

10. 拒绝摊派权

指施工企业有权拒绝任何部门和单位向企业摊派人力、物力、财力。

（二）企业的责任

建筑装饰施工企业的责任，就是企业对国家、对社会应承担的义务。

1. 必须服从国家的统一领导和管理，完成指令性计划任务，全面贯彻执行国家的路线、方针和政策，遵守法律、法规。

2. 必须对自己的行为承担法律责任和经济责任，履行并依法订立合同，保障国家正常的经济秩序。

3. 必须坚持社会主义企业的生产经营目的，保证工程质量，为社会提供优质商品和优质服务，对用户负责。

4. 必须保障固定资产的正常维护、改进和更新，加强保卫工作，维护正常生产秩序，保证国家财产的完整性。

5. 必须遵守国家关于财务、劳动工资和物价管理等方面的规定，接受财政、税收、审计、劳资等机关的监督。

6. 必须不断提高劳动生产率，节约能源和原材料，努力降低成本。

7. 必须坚持安全生产，贯彻安全生产制度，改善劳动条件，做好劳动保护和环境保护工作。

8. 必须正确处理国家、企业、职工三者之间的物质利益关系，在发展生产的基础上逐步改善职工的物质生活。

9. 必须不断提高职工队伍素质，加强思想政治教育、法制教育、国防教育、科学文化教育，开展技术业务培训。

10. 应当鼓励职工参与企业管理，支持和奖励职工进行科学研究、发明创造、技术革新、开展合理化建议和劳动竞赛活动。

（三）企业的利益

建筑装饰施工企业的利益，就是企业和职工的经济利益。

企业和国家的关系，不仅体现在企业的权利和对社会应尽的义务方面，还表现为企业有独立的经济利益。根据这个原则，对经营成果好、对国家贡献大、付出劳动多的企业和职工个人，应该得到更多的经济利益和报酬，这对调动企业和职工的劳动积极性和创造性有极大的现实意义。

四、建筑装饰施工企业组织机构

为了实现生产经营的目标，使企业正常、有效地运行，建筑装饰施工企业应建立科学、合理的组织机构。

（一）组织机构的构成要素

建筑装饰施工企业的组织机构主要由管理部门、管理幅度、管理层次三个因素所构成。

1. 管理部门

管理部门又称职能部门。管理部门的划分是否科学合理，直接关系到企业的工作秩序、效率和工作质量。部门划分合理，可以充分发挥专业人员的特长，提高工作质量和效率；划分过多，易造成手续繁琐、人浮于事、协调麻烦等降低效率的现象。

划分管理部门时应尽量做到：各管理部门有明确的业务范围和足够的工作量，只有当某类业务经常反复出现且达到一定工作量，才有必要设立一个管理部门；各管理部门的业务尽量专一，即把性质相近、联系密切的工作放在一起，发挥专业人员的特长，提高工作质量和效率；各管理部门有明确的职责和相应的职权，职责是检查工作成绩的标准和尺度，职权是完成工作和承担责任的保障；各管理部门之间的工作关系要明确，除了明确本部门的业务外，还要清楚与相关部门的关系。

建筑装饰施工企业一般按管理职能、工作性质划分为若干个管理部门，如经营、工程、质量、安全、材料、设备、人事、劳资、财务等。

2. 管理幅度

管理幅度又称管理跨度，是指一名领导者能直接而有效地管理下级人员的数量。因领导者的精力、知识、经验等有限，故管理幅度是有一定限制的。管理幅度过大或过小都会影响工作的正常开展，过大不利于有效领导，过小不利于发挥下级积极性。

管理幅度的大小应根据领导者的工作能力（包括上、下级工作能力两个方面）的强弱、工作责任的大小、工作任务的难易、工作条件的优劣等因素确定。建筑装饰施工企业的管理幅度，公司经理为3～6人，项目经理部经理为7～11人，一般取中间数为宜。

3. 管理层次

管理层次是指组织机构纵向划分的层次，即指企业经理到项目经理之间分级管理的级数。管理层次决定了企业内部信息传递的节点多少和组织机构的复杂程度。

管理层次的多少和管理部门、管理幅度有密切的关系。一般说来，管理层次越多，由于各层次均要设置管理部门而导致企业部门的总量增大，组织机构就复杂。但是管理层次增多可以减少管理幅度，因为在企业管理总量不变的情况下，每增加一个管理层次，各级领导的管理幅度就相应减少。

为了有利于精干、高效地开展工作，设置管理层次必须综合考虑管理部门多少和管理幅度大小的因素，一般应在扩大有效管理幅度的基础上减少管理层次。建筑装饰施工企业一般分为两个管理层次，即公司——项目经理部；也有分为三个管理层次的，即公司——分公司——项目经理部。

（二）建立组织机构的原则

为了保证组织机构的科学性，建立组织机构时必须坚持以下原则：

1. 精干高效的原则

精干高效是建立企业组织机构的一个最基本的原则，也是检验组织机构是否科学的主要标准。应尽量做到机构精简、人员精干、层次分明、关系清楚，从而保证整个组织机构高效率地工作。

2. 统一领导与分级管理相结合的原则

统一领导体现为适度的集权和指令的统一。企业必须将经营决策、组织指挥等重要权力集中在公司一级，以保证全企业各环节协调一致，为一个共同目标而工作。适度集权是保证指令统一、领导者权责一致的重要手段。

当然，统一领导并不是把一切权力都集中起来，还必须实行分级管理，才能做到好的效果。分级管理的实质是将一部分权力授予下级机构，使各级机构都能在公司的统一领导下，在自己职权范围内有效地工作。

统一领导和分级管理的关系是集权和分权的辩证统一关系。正确处理两者关系的关键是权责一致。建立组织机构时，每一级机构都必须首先明确职责范围，然后授予一定的权力，使之权责一致。

3. 分工与协作相结合的原则

分工是将工作根据其性质不同进行适当划分，配备一定的机构和人员进行管理。分工的目的是实现管理专业化，明确工作范围，提高工作效率。但分工必须与协作相结合，分工的同时要加强各个部门、各类人员之间工作上的配合。因为企业是一个整体，各项工作之间存在内在联系，必须协调一致才能发挥出整体功能。

应当指出，企业组织的分工要粗细适当。分工过细，会导致机构臃肿，责任不清；分工过粗，又不利于管理专业化的发展。分工与协作相结合的原则，就是要在分工时注意部门设置、岗位划分的合理性，明确各个部门、各类人员之间的协作关系。

4. 例行与例外相结合的原则

建立企业组织机构必须处理好例行工作和例外工作的关系。例行工作是指经常且反复出现的工作；例外工作是指不经常出现，偶尔发生的工作，一般由领导处理。建立企业组织机构时，必须以例行工作为依据设立管理部门。因为只有例行工作才可能反复出现，成为一种专门业务，也才有必要设立一个专门职能部门去管理。

例行与例外相结合的原则，就是要求以例行工作为依据建立业务管理部门，由业务管理部门处理大量的经常性工作，企业领导集中精力处理重大决策等例外性工作。

（三）组织机构的主要形式

管理部门、管理幅度、管理层次等的不同组合方式，形成组织机构的多种形式。建筑装饰施工企业的组织机构，由于其性质、规模、经营方式、管理水平和企业环境等因素的不同，可组成以下几种形式。

1. 直线制

图 5-1 直线制组织机构

直线制（图 5-1）是最简单的组织机构形式。它的特点是企业中的各管理层次都按直线排列，每一管理层次不设管理部门，上下级之间是垂直的行政领导关系和责任联系，公司经理直接进行指挥和管理，下级从上级那里直接接受命令。这种形式一般适用于木工、抹灰、油漆等作业分包企业和建筑装饰各专业承包企业的现场施工管理。

直线制组织机构的优点是：组织形式简单，指挥管理统一，责任权利明确，命令传递迅速。但多种职能业务集中于一人，对其知识和能力要求就较高，难以适应工程规模大、职工人数多的施工总承包企业。

2. 职能制

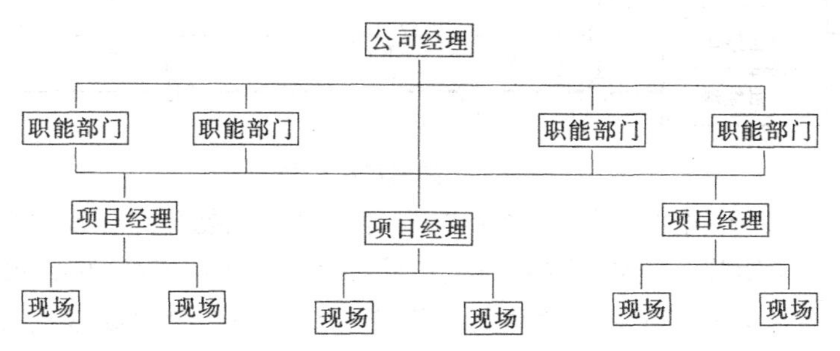

图 5-2 职能制组织机构

职能制（图 5-2）组织机构的特点是：在公司经理领导下，按专业分工设立承担各种管理业务的职能部门，并在其业务职责范围内有权向下发布指令进行指挥，项目经理既服从公司经理的领导和指挥，又听从上级各职能部门的指挥。

职能制组织机构的优点是专业分工细，各种专业管理工作由职能部门负责，可适用于管理要求和生产技术复杂的企业，如建筑幕墙，金属门窗等专业承包企业。但由于各职能部门可以同时领导和指挥同一项目经理，难免在业务上出现令出多门、要求不一、相互矛盾的情况，致使项目经理无所适从，不利于集中统一领导、指挥，容易造成无人负责的现象。

3. 直线职能制

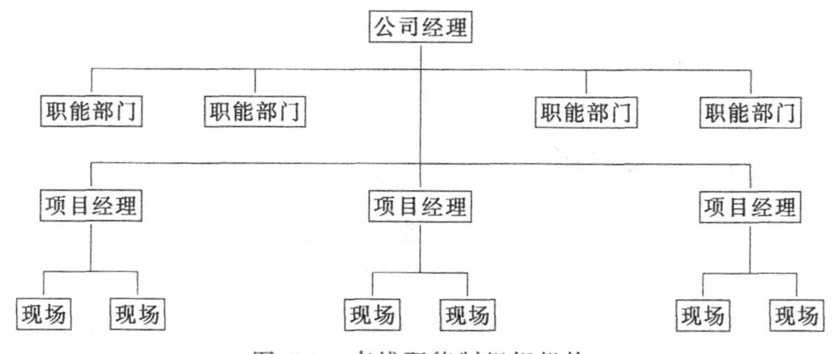

图 5-3 直线职能制组织机构

直线职能制（图 5-3）组织机构的特点是以直线制为基础，仍按统一指挥原则建立直线指挥系统，按专业分工原则建立职能管理系统。即在公司经理领导下的各专业职能部门，仅作为领导者的参谋和助手，协助做好管理业务工作，不对项目经理直接下达命令或进行指挥。由职能部门拟定的计划、方案以及有关指令，需经公司经理批准后下达，职能部门仅对下级进行业务指导。这种形式适用于建筑装饰施工各专业承包企业。

这种组织形式优点是保持了直线制集中统一指挥的优点，吸取了职能制专业职能管理的长处，既避免了多头领导的弊病，又使各管理业务有职能部门负责。但由于各职能部门处于一种从属和被动地位，大大限制了部门作用的发挥，使部门之间的横向联系较差，直线与职能的责权协调也较难。

4. 矩阵制

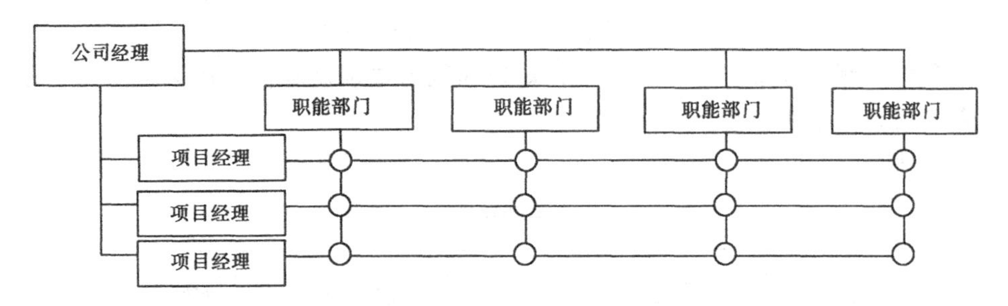

图 5-4 矩阵制组织机构

矩阵制（图 5-4）组织机构的特点是把按职能划分的职能部门和按项目划分的项目机构结合起来组成一个矩阵，使同一名项目机构成员既同原属职能部门保持组织与业务上的联系，又参加项目机构的工作。每个项目机构的项目经理在公司经理直接领导下进行工作，而项目机构成员则受项目经理和原属职能部门的双重领导。

这种组织形式优点是：克服了直线职能制横向联系差的缺点，具有较强的灵活性和适应性，能使管理中的纵向横向很好地结合，对项目管理有利并能充分发挥专业人员的作用，适用于同时承担多个工程项目的建筑装修装饰专业承包企业。但其缺点是：组织机构不够稳定，项目机构成员有临时观念，责任心较差；由于领导关系上的双重性，往往会发生一些矛盾。

5. 事业部制

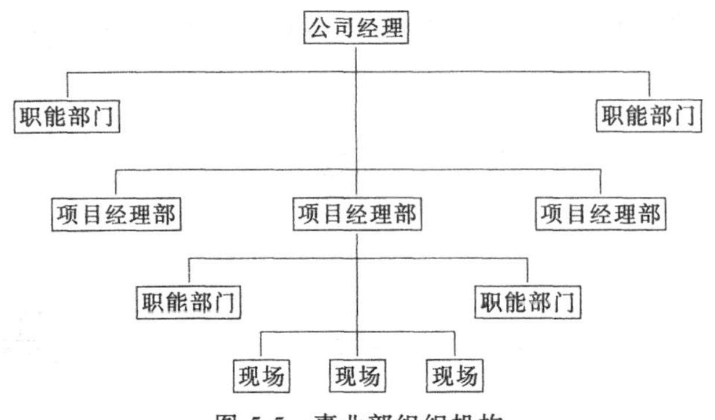

图 5-5 事业部组织机构

事业部制（图 5-5）组织机构是在公司经理的领导下，按工程类型或按地区划分为若干事业部的一种分权制的组织形式。它的特点是把分权管理和单独核算结合在一起。事业部实行相对的独立经营、单独核算，并拥有一定的经营自主权，下设相应的职能部门。按照“集中决策、分散经营”的管理原则，公司拥有经营目标、人事决策、确定造价和财务、资金、利润管理等大权，对事业部进行控制。这种组织形式适用于在一个地区有长期市场的大型施工总承包企业。

这种组织形式的优点是：有利于公司领导集中精力研究重大战略决策；有利于提高各事业部的责任心、积极性和主动性；有利于培养全面的专业化及经营管理人才。它的缺点是：各事业部有自己独立的经济利益，易产生只考虑自己利益，而影响相互之间的协作；公司和各事业部职能机构重叠，管理人员较多。

第二节 建筑装饰施工企业管理

建筑装饰施工企业管理，是企业为实现生产经营目标，对与生产经营相关工作所进行的决策、计划、组织、指挥、控制、协调和激励等活动的总称。在装饰施工中，需要使用大量的劳动力、材料、机具设备等，只有通过科学管理，才能使这些要素形成生产能力和经营能力。否则，建筑装饰施工企业就无法运转。

一、建筑装饰施工企业管理的特点

建筑业中的建筑装饰是一种特殊的行业，由于建筑装饰、建筑装饰施工具有一系列独有的特点，从而导致建筑装饰施工企业管理也存在许多行业自身的特点。

（一）建筑装饰的特点

建筑装饰有其明显的特点：一是它基本上暴露在建筑物的外表，故受自然环境影响较大；二是它融合了工程技术与文化艺术，故具有鲜明的个性化和社会性；三是它的工序繁多、装饰材料品种繁杂，故施工工艺、方法呈现多样性。

（二）建筑装饰施工的特点

建筑装饰施工除具有一般建筑施工的特点外，还具有装饰施工工期紧、装饰施工质量严、装饰施工工序多、装饰材料品种复杂、装饰施工与其他专业交叉多等特点。

（三）建筑装饰施工企业管理的特点

由于建筑装饰及其施工具有以上诸多特点，形成建筑装饰施工企业管理的环境变化多、对象不稳定、机构变化大等，从而使建筑装饰施工企业管理的难度增大。

二、建筑装饰施工企业管理的性质和职能

（一）企业管理的性质

企业管理具有二重性：一方面具有同生产力、社会化大生产相联系的自然属性；另一方面又具有同生产关系、社会制度相联系的社会属性。企业管理之所以具有二重性，这是因为企业的生产经营过程是生产力和生产关系的统一体，要保证生产经营过程的正常进行，企业管理必须具有两个基本职能，一是合理组织生产力，二是维护生产关系。前者决定企业管理的自然属性，后者决定企业管理的社会属性。

1. 企业管理的二重性体现着生产力和生产关系的辩证统一关系。把企业管理只看作生产力或生产关系，都不利于提高企业管理水平。只有遵循企业管理的二重性，发展社会生产力，自觉调整生产关系，才能有利于建筑装饰施工企业管理水平的不断提高。

2. 根据企业管理的二重性原理，我们应注意学习、引进国外先进的企业管理理论、技术和方法，以有利于生产力的发展；同时还要科学地鉴别其社会属性，从中去其糟粕、取其精华，而不能照抄照搬。

3. 在运用先进的企业管理理论、技术和方法时，必须结合本企业、本部门的实际，因地制宜，才能取得理想的企业管理效果。

（二）企业管理的职能

企业管理的基本工作是通过一些具体职能来实现的。法国著名管理学者法约尔最早把企业管理的各种职能概括为五个方面，即计划、组织、指挥、协调和控制。在法约尔之后，不同学派对管理职能的划分不一，有“三职能”、“四职能”、“七职能”等不同说法，以下按决策、计划、组织、指挥、控制、协调、激励七职能进行介绍。

1. 决策

决策职能是指企业为达到一定目标，在几个可行方案中选择最佳实施方案的管理活动。随着市场经济发展，竞争日趋激烈，决策成为最基本、最核心的职能。决策正确与否是企业成败的关键。决策的基础是预测，预测是对未来事物的推测和估计。广义的决策职能包括预测，其实质是根据对未来事物的判断，选择行动方案。

2. 计划

计划职能是指为实现决策方案作出具体安排和部署的管理活动。计划是决策的展开和具体化。要想顺利实现决策目标，就必须对实施方案的具体途径、方法、措施进行周密安排，也即是编制出详细的计划。通过计划的实施，达到实现决策的目的。

3. 组织

组织职能是指为实施计划，对生产经营各要素、各环节、各方面进行有机组合的管理活动。企业管理的组织职能主要包括：合理设置机构，明确权责，选择和配备人员，正确处理生产经营各要素、各环节、各方面的关系。组织职能的主要任务是保证企业协调运转。

4. 指挥

指挥职能是指对企业各类人员发布指令、分派工作、提出要求的管理活动。建筑装饰施工企业的各项工作必须在统一的指挥下，才能使各类人员步调一致，从而保证工作协调运行。如果没有统一指挥，即使有正确的决策，周密的计划和良好的组织条件，企业活动也将出现混乱，无法实现既定目标。为了提高指挥的效果，企业必须建立一套信息收集、传递、反馈系统，保证指令畅通。

5. 控制

控制职能是指在计划执行过程中，发现、纠正偏差的管理活动。计划在执行过程中经常会出现一些偏差，这些偏差可能是计划本身的原因造成的，也可能是实际条件发生变化或执行者主观原因造成的。控制职能的任务，就是要及时发现这些问题，分析原因，并采取恰当的措施加以解决。

6. 协调

协调职能又称调节职能，是指调节企业各方面工作，使之建立良好的配合关系，保持整体平衡的管理活动。协调的目的是保证企业各方面的平衡关系，实现经营目标。协调包括内部协调和外部协调。内部协调又可分为纵向协调和横向协调。所谓纵向协调是指上下级组织机构之间的协调；横向协调是指同级机构各部门之间的协调。外部协调是指企业和市场、中介机构、政府有关部门之间的协调。

7. 激励

激励职能是指调动职工积极性和工作热情的管理活动。企业的各项工作都需要人去做，人的精神状态如何，直接影响工作效果，也影响其他管理职能的作用。激励包括精神激励和物质激励两个方面。激励职能就是要利用各种精神和物质手段，激发职工的工作热情，并对失职的职工进行必要的惩处，以激励先进，鞭策后进，使企业全体职工保持良好的精神状态，勤奋而努力地工作。

三、建筑装饰施工企业管理的任务与内容

（一）企业管理的任务

建筑装饰施工企业管理的任务，就是根据装饰施工的客观规律，科学合理地组织生产力，高效率地进行生产经营活动，不断调整和完善生产关系，改善各种管理制度，正确处理企业生产经营活动过程中的各种矛盾（揭示影响生产、技术、经济发展的各种因素并加以解决），使企业的生产经营活动顺利开展。

具体地说，建筑装饰施工企业管理的任务，主要有以下几点：

1. 确定企业经营目标

根据国家规划和建筑装饰市场的需求，在充分研究企业内外环境的基础上，通过预测和决策，确定企业发展战略和经营目标，并利用计划手段落实经营目标的具体方案。

2. 完善企业组织和管理体制

根据企业承担任务的特点和生产经营活动的需要，建立和完善企业组织机构和管理体制。包括：各级机构和部门的设置，划分职权，落实职权，制订各种规章制度等。

3. 合理组织生产力

将生产力的三个基本要素和企业管理的各个要素科学地组织起来，不断提高劳动生产率和企业的综合生产能力，生产出符合社会需求的建筑装饰产品。

4. 完善生产关系

社会主义生产关系在企业主要表现为国家、企业和职工个人在生产经营过程中结成的各种关系，重点是物质利益关系。经营管理必须正确执行国家的政策，贯彻按劳分配的原则，体现职工当家作主的地位，正确处理国家、企业、职工三者之间的关系。

5. 提高经济效益

施工企业是商品生产和经营单位，必须进行独立核算，以销售收入抵补支出并获得盈利。应利用各种手段和方法，减少劳动消耗，降低成本，增加收入，提高企业的综合经济效益，为国家增加税收，为企业增加积累，不断改善职工的物质生活。

6. 推动技术进步

企业技术进步是全社会科学技术进步的重要组成部分。企业要研究和制订企业的技术发展规划，加强科学研究，开展技术开发，应用和推广新技术，不断推动技术进步，努力赶超国内外先进水平。

7. 提高职工队伍素质

经常对职工进行思想政治教育、文化教育、业务技术教育，建设 支有理想、有道德、守纪律、懂技术、有文化的工人队伍、技术人员队伍和管理人员队伍，以适应高速发展的社会主义现代化建设的需要。

8. 提高企业管理的综合水平

企业管理综合水平的高低，标志着一个企业的生存与发展的能力。企业要运用各种科学管理的理论、方法和手段，加强业务管理工作，不断提高企业管理的综合水平。

（二）企业管理的内容

按照建筑装饰施工企业的生产经营过程及管理分工划分，企业管理的主要内容如下：

1. 经营管理

经营管理有广义和狭义之分：广义的经营管理是指对企业的全部生产经营活动的管

理；狭义的经营管理主要是指对企业经营活动的管理。这里所指的是与市场相联系、以决策为中心的狭义的经营管理活动。其主要内容是：建筑市场、经营预测、经营决策、经营方式选择、工程投标、订立合同、工程结算、产品开发、公关策划等，这将在专业方向课程中讲述。

2．生产管理

生产管理是以企业内部施工活动为中心，以提高效率为目的的管理。其主要内容是：施工计划、施工准备、施工管理、技术管理、质量管理等，详见本章第三节。

3．生产要素管理

生产要素管理是指为保证施工顺利进行，而对劳动力、材料、机具设备等要素进行的管理活动。其主要内容包括劳动力管理、材料管理、机具设备管理等，详见本章第四节。

4．财务与成本管理

财务与成本管理是指对企业资金运作的管理活动。财务与成本管理具有很强的综合性，它用价值量对企业的全部活动进行全面控制，以达到降低成本、提高效益的目的。其主要内容是：财务决策、资产管理、成本管理、经济核算等，详见本章第五节。

四、建筑装饰施工企业管理的基础工作

建筑装饰施工企业在管理过程中，要通过信息资料，了解企业内部、外部的环境变化，掌握经济活动发展动态；要利用管理方法和手段，控制施工生产经营过程；还要具备从事施工生产经营的一些基本技术条件等。

（一）标准化工作

标准是指对经济、技术和管理等活动中具有多样性、相关性特征的重复事物，由政府主管部门批准，以特定的程序和形式发布的统一规定，如《建筑工程施工质量验收统一标准》(GB 50300—2001)。

标准化工作就是企业的各项技术标准和管理标准的制订、执行和管理工作。标准化工作能促使建筑装饰施工企业的施工技术、质量安全、劳动力、材料设备、财务和成本的各项管理工作更加合理化、规范化和高效化。标准化工作是实行科学管理的基础，是建立良好的生产秩序和工作秩序的必要条件。

（二）定额工作

定额是企业在一定的施工技术组织条件下，在一定时间内完成一定数量的合格产品，所规定的人力、物力和财力的消耗、占用以及利用程度的标准额度。定额工作就是企业各类技术经济定额的制订、执行和管理工作。

定额工作既是企业管理的基础工作，又是企业管理的一种科学方法。有关定额内容的叙述，见《建筑装饰工程定额与预算》课程教材。

（三）信息工作

信息是指经加工整理过的数据、消息和资料，如：市场消息（报纸、广告、网页、电话簿等）、原始记录、统计报表、经济技术情报和档案等。

信息工作是指企业在生产经营活动中，对所需收集信息进行的收集、处理、传递、贮存等管理工作。

建筑装饰施工企业的主要信息工作如下：

1．原始记录、台帐与报表

原始记录是对企业生产经营活动情况所作的最初直接记录（即第一手资料），如：领料单、考勤表、交接班记录、施工任务单等。原始记录是企业建立各种台帐、进行统计分析、开展经济核算的重要依据。

将原始记录所提供的资料，按有关顺序排列，经过分类整理记载在簿册上，形成统计台帐和会计帐簿。统计台帐、会计帐簿是形成统计报表、会计报表的基础。

统计报表、会计报表是企业领导和有关部门取得信息的主要渠道和形式。统计报表是根据原始记录和统计台帐，进行整理汇总、分析计算各项指标而形成的；会计报表是根据会计凭证和分类帐、明细帐，经过整理汇总、分析计算有关成本财务方面的指标而形成的。

2. 经济技术情报

上述原始记录、台帐与报表的统计工作侧重企业内部信息的处理，来自企业外部的信息即称为情报。企业所需的情报可分为经济情报和技术情报两大类。将分散的、不系统的企业外部信息，按一定目的进行整理、加工后提供使用的工作，称为情报工作。

情报资料是开展情报工作的基础。情报资料的收集方法很多，可从大量的中外科技文献中筛选情报，也可从展览会和博览会、科技专业会议、企业刊物、报纸、广告、网页、电话簿和样品中选取情报。

3. 经济技术档案

档案是企业在生产经营活动中形成的，并作为历史记录保存起来以备查考的文件资料，如工程竣工资料、经济情报档案、技术情报档案等。它反映了企业内部环境变化状况和历史沿革的轨迹，它是企业领导决策时的参考和依据。

（四）计量工作

计量就是用计量器具的标准量值去测量各种计量对象的量值，如用磅秤的千克单位去分别测定水泥、水、胶粘剂等材料的重量，用于配制弹涂砂浆。

计量工作是指用科学的方法和手段，对生产经营活动中的量和质的数值进行测定、测试、检验、分析等方面的计量技术和管理工作。计量工作的基本要求是：保证量值的统一和准确，保证计量器具准确可靠。为此，要做到以下几点：

1. 根据装饰施工的特点和需要，有计划地配齐配好计量检测手段，逐步实现检测手段和计量技术现代化；

2. 设置完善的计量管理机构，配备专业计量人员，负责组织企业的计量工作；

3. 选择正确的计量方法，保证计量准确；

4. 建立严格的计量检定制度，完善计量传递系统，保证计量器具准确可靠；

5. 对使用中的计量器具，按照检定周期进行检定，及时进行修理与调整；

6. 计量的单位、符号、术语等应符合国家标准的规定。

（五）规章制度

建筑装饰施工企业规章制度是用文字的形式，对企业职工在例行活动中应遵循的工作内容、工作程序、工作方法所作的规定。

建筑装饰施工企业的规章制度可分为以下三类：

1. 为生产经营管理需要建立的工作制度

这是按企业生产经营的客观要求，对各项管理工作的内容、程序和方法等所作的规定。它是企业全体员工进行各项管理活动的规范和准则，如：经营管理（市场分析、经营预测和决策、工程投标、订立合同、工程结算等)、生产管理（施工管理、技术管理、质量安全等)、生产要素管理（劳动力、材料、机具设备等)、财务与成本管理（财务决策、资产管理、成本管理、经济核算等）工作制度等。

2. 因政治社会制度需要建立的工作制度

如领导制度、政治思想、招工录用、劳动合同、职工培训、生活福利、治安保卫、消防安全等管理工作制度。

3. 为保证生产经营活动正常运转而建立的责任制度

上述各项工作制度都是通过企业各级管理部门和全体员工来执行的，必须根据生产经营的具体要求，建立一定的岗位责任制和经济责任制来保证其贯彻落实。

（六）职工教育和培训

职工教育一般是指企业全体员工都要接受的基础教育，包括新进企业教育、规章制度教育、职业道德教育、安全施工教育、思想政治教育和施工技术、管理的基本知识教育。职工教育一般由企业自己组织力量有计划、有步骤地进行。

职工培训一般是指对本企业生产经营需要的特殊人才所进行的继续教育。如：项目经理、施工员、质量员、安全员等各类专业技术岗位的资格证书培训，建筑电工、电焊工等特殊岗位的操作证书培训。这类培训由经政府机构认可的具有培训资格的培训学校或单位集中进行，并通过考试考核，由政府或政府认可的机构颁发资格证书。

五、建筑装饰施工企业管理现代化

先进的科学技术和先进的企业管理是推动市场经济高速发展的两个主要因素，缺一不可。没有先进的管理水平，先进的科学技术就得不到推广，其作用也不能充分发挥。为了更好地发挥建筑装饰施工企业的作用，应从以下几个方面逐步实现现代化。

（一）管理思想现代化

管理现代化是一个完整的体系，其中管理思想现代化是前提，处于主导地位。管理思想现代化应包括两项主要内容：要树立社会主义市场经济的思想，要树立按照客观经济规律办事的思想。

（二）管理机制现代化

“机制”一词源于机器的构造与动作原理。企业的运行机制，是指在一个有效的约束与诱导的环境和条件下，在企业系统内部各因素的相互作用下，企业、职工作为行为的主体，为实现自己的目标而顺应客观经济规律，充分发挥其功能，推动企业的各项工作有秩序地进行。

一个完整的、科学的企业现代化管理机制，能充分发挥企业的管理职能，通过决策、计划、组织、指挥、控制、协调、激励等管理职能，使人们明确努力的目标，调动积极性去实现目标。

（三）管理组织现代化

管理组织现代化就是建立适应生产力发展水平的企业管理体制，建立科学、完善的组织机构，合理划分管理部门和管理层次，各级管理组织的权责分明，能有机地协调动作，生产组织、劳动组织优化和高功效。

（四）管理方法现代化

管理方法现代化，要求根据企业特点，选择采用现代化的科学管理方法，提高经营管理水平。实现管理方法现代化，就是要具体运用系统论、信息论、控制论的基本原理，系统研究经营管理的各种方法——法律方法、经济方法、行政方法、数学方法、激励方法，建立完善的方法体系。

随着管理水平的不断提高，现代管理技术层出不穷，施工企业应根据实际条件和经营管理的实际需要灵活选用。常见的有：预测技术、决策技术、目标管理、线性规划、网络技术、价值工程、行为科学等。

（五）管理手段现代化

管理手段现代化，要求装备和运用先进的管理手段对企业进行管理。主要有：以电子计算机为基本手段的现代化管理系统、现代通讯手段、现代检测手段等。

（六）管理人员现代化

上述企业管理五个方面的现代化，思想现代化是核心，机制现代化是条件，组织现代化是保证，方法现代化是措施，手段现代化是工具。这些都要依靠人去实现，没有相应的管理人才是不行的。

第三节　建筑装饰施工企业生产管理

建筑装饰施工企业生产管理是以企业内部生产活动为中心，以提高效率为目的的管理。生产管理有广义和狭义之分。广义的生产管理包括与生产有关的各项管理活动，狭义的生产管理主要是指基本生产过程和辅助生产过程的管理活动。这里所讲的是狭义的生产管理，主要内容有：施工管理、质量管理、技术管理等。

一、施工管理

施工管理是企业为了完成建筑装饰产品的施工任务，从接受任务开始到交工验收为止的全过程中，围绕施工项目和施工现场而进行的生产事务（施工作业计划、施工任务书、调度工作、场容管理、施工记录）的管理工作。

施工管理的基本任务是在建筑装饰工程施工组织设计的基础上，以一个具体项目和施工现场为对象，正确处理施工过程中劳动力、劳动对象和劳动手段的相互关系及其在空间布置和时间安排上的各种矛盾，做到人尽其才、物尽其用，又快、又好、又省、又安全地完成施工任务。

施工管理的基本要求和内容有：编制施工作业计划并组织实施，以全面完成计划目标；做好施工过程中的作业准备工作，为继续施工创造条件；做好施工中的调度工作，及时协调装饰工种和专业工种之间、总包与分包之间的关系，组织交叉施工；做好施工现场的平面管理，合理利用空间，创造良好的施工条件；认真填写施工日志和施工记录，为交工验收和技术档案积累资料。

（一）施工作业计划

施工作业计划包括月度作业计划和旬作业计划两种，以月度作业计划为主。这种计划的期限较短，目标比较明确具体，实施条件比较可靠落实，实施性较强，预测成分较少，具有作业性质，故称之为作业计划。

1. 施工作业计划的作用

月度作业计划是施工企业具体组织施工生产活动的主要指导文件，是基层施工单位安排施工活动的依据，是年（季）施工生产计划的具体化。旬作业计划是基层施工单位内部组织施工活动的作业计划，主要是组织协调班组的施工活动，实际上是月计划的短安排，以保证月计划的顺利完成。

月度施工作业计划是考核基层施工单位的依据，是施工管理人员进行施工调度的依据。具体作用如下：

（1）把企业年（季）度计划的任务和指标层层分解

在时间上，落实到每月、每旬甚至每天；在空间上，落实到各项目、各施工班组。使企业的生产经营目标，成为全体职工每一时刻的具体行动纲领。

（2）协调施工秩序

通过对人力、材料、设备、构配件等进出场的具体安排，以及各种工种在空间上的协调配合，保证施工现场的文明和施工过程的连续、均衡，从而达到协调施工秩序的目的。

（3）调节各基层施工单位之间的关系

施工现场的条件经常变化，年（季）度计划不可能考虑得十分周密，各基层施工单位的任务及各类资源常会出现不平衡现象。这些都需要通过月度作业计划进行调节，保证各施工单位处于正常的平衡关系，充分利用企业拥有的资源。

2. 月度施工作业计划的编制依据

月度施工作业计划的编制依据主要有：年（季）度计划规定的指标；各单位工程的施工组织设计；施工图纸、施工预算等；劳动力、材料、构配件以及机具设备等资源的落实情况；上月计划预计完成情况（包括工程形象进度、竣工项目、施工产值）和新开工程的施工前期准备工作进展情况。

3. 月度施工作业计划的内容及编制说明

由于各施工企业规模、体制不一，管理水平不一，其内容不尽相同，有繁有简。月度施工作业计划主要内容有：施工进度计划表（见第二、四章）；月度施工项目计划；月度实物工程量计划；月度劳动需要量计划；月度材料需用量计划；月度主要构配件需用量计划；月度机具设备需用量计划；月度主要计划指标汇总表等。

4. 月度施工作业计划的编制程序

月度施工作业计划由企业基层施工单位编制，采用“两上两下”的编制程序。即先由工程处（施工队）提出月计划指标建议上报公司（工程处），公司（工程处）经平衡后下达计划控制指标，工程处（施工队）据此编制正式计划上报，公司（工程处）经综合平衡后，审批下达。在实行了内部承包责任制的企业，也可采用“自下而上”的编制程序，由内部承包单位编制计划，上报公司审批。

（二）施工任务书

施工任务书是班组贯彻施工作业计划的有效形式，也是企业实行定额管理、贯彻按劳分配，实行班组经济核算的主要依据。通过施工任务书，可以把企业生产、技术、质量、安全、降低成本等各项技术经济指标分解为小组指标落实到班组和个人，使企业各项指标的完成同班组和个人的日常工作和物质利益紧密连在一起，达到多快好省和按劳分配的要求。

1. 施工任务书的内容

施工任务书一般包括施工任务单、小组记工单、限额领料单等内容。

（1）施工任务单

是班组进行施工的主要依据，内容有项目名称、工程量、劳动定额、计划工数、开工竣工日期、质量及安全要求等。

(2) 小组记工单

是班组的考勤记录，也是班组分配计件工资或奖励工资的依据。

(3) 限额领料单

是班组完成任务所必须的材料限额，是班组领、退材料和节约材料的凭证。

2. 施工任务书的管理

施工任务书的管理一般包括签发、执行、验收等内容。

(1) 签发

工长根据月或旬施工作业计划，负责填写施工任务书中的执行单位、单位工程名称、分项工程名称（工作内容）、计划工程量、质量及安全要求等。定额员根据劳动定额、填写定额编号、时间定额并计算所需工日。材料员根据材料消耗定额或施工预算填写限额领料卡。施工队长审批并签发。

(2) 执行

施工任务书签发后，技术员会同工长负责向班组进行技术、质量、安全等方面的交底；班组长组织全班讨论，制订完成任务的措施。在施工过程中，各管理部门要努力为班组完成任务创造条件，班组考勤员必须及时准确地记录用工用料情况。

(3) 验收

班组完成任务后,施工队组织有关人员进行验收。工长负责验收完成工程量;质安员负责评定工程质量和安全并签署意见;材料员核定领料情况并签署意见;定额员将验收后的施工任务书回收登记,并计算实际完成定额的百分比,交劳资员作为班组计件工资结算的依据。

(三) 施工调度工作

施工调度工作是落实施工作业计划的有力措施，是施工现场指挥的重要手段。它的主要任务是：检查施工作业计划和工程合同的执行情况，协调各环节、各专业、各工种的配合关系，及时采取有效措施解决施工中出现的各种问题，并预防可能发生的问题。通过调度工作也可对施工作业计划不够准确的地方给予补充，实际是对作业计划的不断调整。

1. 施工调度工作的主要内容

施工调度工作的主要内容有：督促检查施工准备工作；检查和调节劳动力和物资供应工作；检查和调节现场平面管理；检查和处理总分包协作配合关系；掌握气象、供电、供水等情况；及时发现施工过程中的各种故障，调节生产中的各个薄弱环节。

2. 施工调度工作的要点

为了使施工调度工作起到积极的作用，应注意以下要点：

(1) 调度工作的基础

施工调度工作的基础是施工作业计划和施工组织设计。在制订计划时虽考虑了施工的平衡，但在执行过程中由于各种原因或遇到特殊情况，会使原计划失去平衡或无法执行时，可通过一定的批准手续（调度部门无权改变作业计划内容），经技术部门同意，修改或调整计划，使施工过程在“平衡——不平衡——平衡”的情况下进行。

(2) 调度工作的权威性

调度工作的决定虽不能干预和替代其他职能部门的行政命令，但它在一定范围内体现了集中与统一的权威作用，故必须坚决贯彻落实。

(3) 调度工作的准确性

调度工作的关键在于深入现场，掌握第一手资料，细致地了解各个施工具体环节，针对问题，研究对策，进行调度，其分析原因和提出的处理措施都必须准确。

(4) 调度工作的果断性

施工现场是经常处于动态、变化的状态，一旦发现了问题，特别是危及工程质量和安全的行为，就应果断地作出决定，当机立断地进行纠正或制止，使施工顺利进行。

(5) 调度工作的及时性

施工调度工作不仅要及时发现施工现场存在的问题和矛盾，而且要及时执行调度决定，采取措施解决问题。

(6) 调度工作的预见性

根据施工现场的技术水平和人员素质，按照建筑装饰施工组织与管理的规律，对在施工过程中可能出现的问题作出预见性的估计，并采取适当的防范措施和对策。

(7) 调度工作的全面性

施工调度是一个系统工程，有时不仅是某一方面的简单调整，而且要涉及到劳动力、材料、设备、进度计划等各种因素。

(8) 调度工作应抓住重点

在整个施工过程中，可能出现的问题很多，应分清主要矛盾和关键性问题，抓住重点，坚持"一般服从重点"的原则（如：一般工程服从于重点工程和竣工工程，交用期限迟的工程服从于交用期限早的工程，小型或简单的工程服从于大型或复杂的工程等）。

(9) 调度工作的方法

除了对危及工程质量和安全的行为应当机立断随时纠正或制止外，对于其他方面的问题，一般应采取班组长碰头会进行讨论解决。

(四) 施工现场管理

施工现场管理是根据施工组织设计的施工平面图，对施工现场进行的管理工作。它是保持良好的施工现场秩序，保证交通道路和水电畅通，实现文明施工的前提。现场管理的好坏，不仅关系到工程质量的优劣，人工材料消耗的多少，而且还关系到生命财产的安全。因此，现场管理体现了建筑工地的管理水平和精神文明状态。

1. 施工现场管理的主要内容

(1) 严格按照施工平面图的规定搭设各项临时设施，堆放大宗材料、成品、半成品及机具设备。

(2) 审批各工种需用场地的申请，根据不同时间和不同需要，结合实际情况，在平面图设计的基础上进行合理调整。

(3) 遵守国家有关环境保护的法律法规，贯彻当地政府关于施工现场管理的有关条例，实行现场管理责任制度，做到现场场容整齐、清洁、卫生、安全、防火、交通畅通、防止污染。

2. 施工现场管理的要点

(1) 按施工平面图和现场管理规定进行动态管理

施工现场的情况是随着工程进展而不断变化的，为了适应这种变化，就要经常进行现场平面布置的调整，但这种调整必须严格按照现场管理的有关规定进行。

(2) 严格实行现场管理责任制度

施工现场应严格按专业、分工种实行现场管理责任制，把现场管理的目标进行分解，落实到有关专业、工种和人，如：抹灰砂浆及落地灰、余料的清理，由抹灰工负责；木料、门窗的清理堆放，由木工负责。为了明确现场管理的责任，可以通过施工任务书或承包合同落实到责任者。

(3) 勤于检查和及时督促整改

现场管理检查工作要贯穿于工程开始施工直至竣工验收为止的整个施工过程中。要把检查结果和施工任务书的结算结合起来，检查结果不符合规定的，不予结算，并及时督促责任人限期整改。

3. 文明施工与文明工地

文明施工是指保持施工场地整洁、卫生、施工组织科学、施工程序合理的一种现象。实现文明施工，不仅要着重做好现场的场容管理工作，而且还要做好现场的材料、设备、安全、保卫、消防和环境卫生等方面的管理工作。

为了推动建筑装饰工程的文明施工，有些地区和企业定期组织对各工地的文明施工情况进行检查、评定。文明施工的检查、评定，一般是先按其内容分为场容、材料、设备、安全、保卫、消防和环境卫生等项目，由有关职能部门逐项检查、评分；然后根据检查、评分的汇总结果，确定工地文明施工等级（如文明工地、合格工地、不合格工地等）。

（五）施工日志和施工记录

施工日志和施工记录都是工程技术档案的重要组成部分。

施工日志是整个装饰施工阶段有关施工活动和现场变化的综合记录，是施工技术人员处理施工问题的备忘录和积累施工经验的基本素材。施工日志在工程竣工后由施工单位列入技术档案保存。

施工记录是有关工程质量验收规范中规定的各种记录，是检验现场施工操作和工程质量是否符合设计要求的原始资料。施工记录在工程竣工后由施工单位提交建设单位列入技术档案保存。

1. 施工日志的填写要求

(1) 应按单位工程从工程开工到竣工验收为止，逐日连续记载，如一个施工技术人员负责几个单位工程，不要把几个工程的施工情况记在一起；

(2) 要真实、准确、详细地记录，不要记成流水帐；

(3) 如遇施工技术人员中途调动，应做好交接工作，保持施工日志的连续、完整，不允许中断。

2. 施工日志的填写内容

虽然施工日志不是千篇一律，但以下内容应作为记录的重点：

(1) 工程开工竣工日期、主要分部分项工程的施工起讫日期、技术资料的供应时间；

(2) 因设计图纸与实际情况不符，由设计单位在现场确定的设计变更或技术核定记录；

(3) 重要工程的特殊质量要求和施工方法；

(4) 在紧急情况下采取的特殊措施和施工方法；

(5) 工程质量、安全、设备等事故情况，发生原因及处理方法的记录；

（6）建设单位、监理单位或上级领导对工程的指令和建议；

（7）有关气象、地质以及其他特殊情况的记录（如停电、停水、停工待料）的记录；

（8）分项工程、隐蔽工程验收以及上级领导、质检部门、建设单位、监理单位的检查结果、存在问题、处理情况的记录等。

3.施工记录的内容和要求

施工记录的内容在有关工程的质量验收规范中有明确的规定，它是确保工程质量关键性、强制性的技术资料。

现场施工技术人员必须严格按规定表格逐项认真填写，并经监理、建设单位等有关人员签认后才能生效。

二、技术管理

建筑装饰施工企业的技术管理，就是对各项技术活动过程和技术工作的各种要素进行科学管理的总称。

技术管理的基本任务是:正确贯彻执行国家的技术政策和上级有关技术工作的指示,科学地组织各项技术工作,建立良好的技术秩序,充分发挥技术人员的作用,不断改进原有技术和采用先进技术,保证工程质量,降低工程成本,推动企业技术进步,提高经济效益。

企业的技术管理可分为基础工作、业务工作和开发工作三大部分。

（一）技术管理的基础工作

为了有效地进行技术管理，必须做好相关的基础工作，如：技术责任制、验收规范和规程、技术原始资料、技术档案和技术情报等。

1.建立和健全技术责任制

建筑装饰施工企业应建立以总工程师或技术负责人为首的技术管理组织机构(见图 5-6),设立职能机构,配备技术人员,形成技术管理系统,全面负责企业的技术工作。技术责任制是企业技术管理的核心。

施工企业的技术责任制，就是对企业的技术工作系统和各级技术人员规定明确的职责范围，使他们有职、有权、有责，从而充分调动各级技术人员的积极性。我国的建筑装饰施工企业实行技术工作的统一领导和分级管理，一般分为二级或三级技术责任制，即总工程师（技术负责人)、项目工程师及工地技术员的技术责任制。

建立各级技术负责制,必须正确划分各级技术管理权限,明确各级技术领导的职责。总工程师(技术负责人)、项目工程师、工地技术员分别在公司经理、项目经理、工地施工员的直接领导下进行工作。各级技术负责人应是同级行政领导成员,对施工技术管理部门具有业务领导责任,对职责内的技术问题(如施工方案、技术措施、质量事故处理等)有最后决定权。

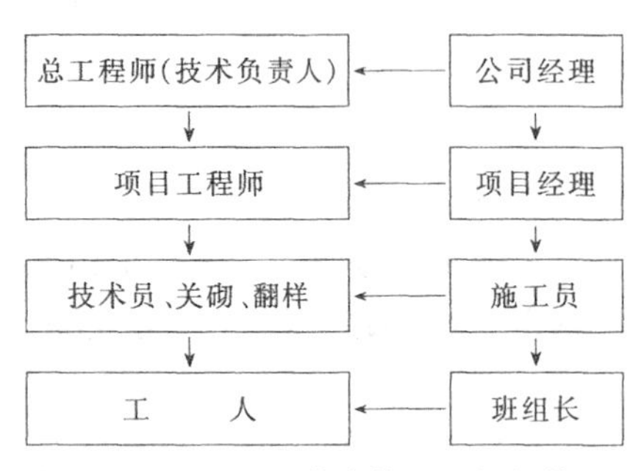

图 5-6　施工企业技术管理组织机构

2.执行验收规范和操作规程

验收规范和操作规程是企业进行技术管理、质量管理和安全管理的依据和基础，是标准化的重要内容。任何工程项目，都必须按照验收规范和操作规程进行施工、验收。验收规范和操作规程一经颁布就必须严格、严肃、认真地执行。但是验收规范和操作规程也不是一成不变的，随着技术和经济的发展，要及时地采用和执行新的、现行的验收规范和操作规程。

(1) 验收规范

建筑装饰工程的验收规范主要有建筑工程施工质量验收统一标准、建筑装饰工程质量验收规范和建筑装饰材料、半成品的技术标准及相应的检验标准等。这些标准是为了加强建筑工程质量管理，统一质量验收，保证工程质量，由国家建设部等部委制定颁发的法令性、强制性文件。

《建筑工程施工质量验收统一标准》(GB 50300—2001)——它统一了建筑工程施工质量的验收方法、标准和程序。

《建筑装饰装修工程质量验收规范》(GB 50210—2001)——它统一了建筑装饰分部、子分部、分项工程的质量标准和验收方法，应与《建筑工程施工质量验收统一标准》(GB 50300—2001)配套使用。

建筑装饰材料、半成品的技术标准及相应的检验标准——它规定了各种常用的材料、半成品、性能、标准及检验方法等。如水泥检验标准、木材检验标准、混凝土强度检验评定标准等。

(2) 操作规程

建筑装饰工程操作规程是验收规范的具体化，对建筑装饰工程的施工过程、操作方法、机具设备使用、安全技术要求等做出的具体技术规定，用以指导建筑装饰工人进行技术操作。

在执行验收规范时，由于各地区的操作习惯不完全一致，有必要制定符合本地区实际情况的具体规定。操作规程就是各地区（各企业）为了更好地贯彻执行国家的验收规范，根据验收规范的要求，结合本地区（企业）的实际情况，在保证达到验收规范的前提下所作的具体技术规定。操作规程属于地方性技术法规，施工中必须严格遵守，但它比验收规范的使用范围要窄一些。

3. 建立和健全技术原始资料

技术原始记录，包括建筑装饰材料、配件、工程质量检验记录，质量、安全事故分析和处理记录，设计变更记录和施工日志等。

技术原始记录是评定工程质量、技术活动质量及工程交付使用后制订维修、加固或改建方案的重要技术依据。

4. 建立工程技术档案

工程技术档案记叙和反映本单位的施工、技术、科研等活动，具有保存价值，并且按一定的归档制度，作为真实的历史记录集中保管起来的技术文件资料。

建筑装饰施工企业工程技术档案的内容应包括以下两个部分：

(1) 提交工程竣工验收的技术资料

这部分资料随同工程交工，提交建设单位保存。其主要有：图纸会审技术交底会议纪要、设计变更和技术核定单；材料、设备的质量合格证明；隐蔽工程、分项工程、分部（子分部）工程验收记录；单位（子单位）工程的质量竣工验收记录、控制资料核查记录、有关安全和功能的检测资料核查及主要功能抽查记录、观感质量检查记录；竣工图及竣工备案资料等。

(2) 施工单位保存的技术资料

这部分资料主要是施工中积累的具有参考价值的经验、教训，其内容有：施工组织设计及其施工经验总结；技术革新的试验、采用和改进的记录；重大质量事故、安全事故的情况分析及补救措施和办法；有关技术管理的经验总结及重要技术决定；施工日志等。

工程技术档案的建立、汇集和整理工作应从施工准备阶段就开始，直到竣工验收为止，贯穿于整个施工过程中。上述需归档的技术资料必须如实反映情况，不得擅自修改、伪造、事后补做。技术资料需经各级技术负责人审定签字后方才有效。工程技术档案资料必须妥善保管，不得遗失、损坏。

5. 加强技术情报管理

技术情报，是指国内外建筑生产技术发展动态和信息。包括有关科技图书、刊物、报告、专门文献、学术论文、实物样品等。

技术情报要有计划、有目的、有组织地收集、加工、存贮、检索和管理，技术情报要走在科研和施工前面，有目的地跟踪，及时交流和普及，技术情报要做到准确、可靠、及时。

（二）技术管理的业务工作

技术管理的业务工作，是指技术管理中日常开展的各种业务活动，如：施工技术准备工作（图纸会审、编制施工组织设计、技术交底、技术检验等）、施工过程中的技术工作（质量检查、技术核定、技术措施、技术处理等）。

1. 图纸审核

图纸审核是指在工程开工前，由施工单位技术人员对施工图纸进行的审核工作。其目的是为了领会设计意图，熟悉图纸内容，明确技术要求，发现并消除图纸中的错误，以便工程正确无误的顺利施工。熟悉设计文件，认真审核图纸，也是为参加设计技术交底会作准备（见第一章第四节技术资料的准备）。

建筑装饰施工图纸审核的要点是：详细查看设计说明，明确装饰工程的项目和部位、用材、施工要求等，注意结构与吊顶、分隔、招牌的构架的连接固定，更要注意装饰工程中的结构变动和加固情况。

在熟悉和核对了施工图纸后，应将图纸审核中发现的问题及疑问整理出来，带到设计技术交底会上提出，并形成设计技术交底会议纪要。设计技术交底会议纪要由设计、监理、业主、施工等单位签字盖章，可作为与设计图纸同时使用的技术文件。

2. 技术交底

技术交底是建筑装饰工程施工中技术管理的一项重要制度，是施工单位技术人员在参加了设计技术交底会后，就工程施工中的有关技术问题向现场技术管理人员或操作者进行的一项交底工作。其目的是使参加施工的有关人员对工程技术要求做到心中有数，以便科学、合理地组织工程施工和工序、工艺操作。

技术交底的内容有：施工图纸交底、施工组织设计或施工方案交底、设计变更或技术核定交底、分项工程技术交底（如施工工艺、安全措施、规范要求、质量标准）等。

技术交底应分级进行：由总工程师或技术负责人组织职能部门向项目工程师和相关部门进行交底；由项目工程师和相关部门向工地技术员等人员进行交底；由工地技术员等人员向班组长进行交底；班组长在明确要求后，应组织工人进行讨论，以便更好地贯彻执行。

3. 技术复核

技术复核是在建筑装饰施工中，根据有关质量验收规范、标准和设计要求所进行的复查、核对工作。技术复核的目的是为了避免在施工中发生差错而造成返工损失，保证工程质量。

技术复核工作一般应在分项工程施工前进行。建筑装饰工程施工的技术复核的主要内容是：材料的颜色、规格、使用部位、质量要求，设备的规格、型号、安装位置、功能要求，装饰项目的尺寸、位置、标高，预埋件的位置、数量，设计重点要求的部位，业主强调的功能和使用要求等根据工程需要复核的内容。

4. 材料及构、配件检验

建筑装饰材料及构、配件的质量直接影响到装饰工程的质量，必须重视对材料及构、配件的检查和检验。如：原材料的出厂质量证书（质保书）、产品合格证、复试报告及其他试验报告，铝合金门窗的出厂合格证及相关材料的合格证，塑料门窗的出厂合格证及厂家提供的 PVC 塑料与相关材料的兼容性试验报告，门窗"三性"检测报告及外观检验记录，幕墙材料的合格证、产品生产许可证、单元板的出厂合格证和进口材料的商检报告，幕墙抗风压强度、雨水渗漏、空气渗透的检测报告。

建筑装饰工程所用的材料及构、配件，应按设计要求选用，并应符合现行材料标准的规定。当对其质量发生怀疑时，应抽样检查，合格后方可使用。

5. 质量检查和验收（见本节三、质量管理）

（三）技术革新和技术开发

1. 技术革新

技术革新是对现有技术的改进、更新和突破。建筑装饰施工企业要提高技术素质，就必须不断进行技术革新。技术革新的主要内容有：改进或改革施工工艺和操作方法；改进施工机具设备；改进原材料的利用方法；改进建筑装饰产品的质量；改进管理方法；改进质量检验技术和材料试验技术等。

技术革新是一项群众性的技术工作，要充分发动群众，调动各方面的积极性和创造性。为此，必须加强组织领导和管理，做好以下工作：

（1）制订好技术革新计划；

（2）开展群众性的合理化建议活动；

（3）组织攻关小组解决技术难关；

（4）做好成果的应用推广和鉴定、奖励工作。

技术革新完成后，要经过鉴定和验收，完全成功以后才能投入生产。凡是技术上切实可行、经济上合算的技术革新成果，就应该在生产中推广使用。革新成果采纳后，要根据经济效益大小，按国家规定给技术革新者一定的奖励，以资鼓励。

2. 技术开发

技术开发是指在科学技术的基础研究和应用研究的基础上，将新的科研成果应用于生产实践的开拓过程。

（1）技术开发的途径

技术开发的途径有：独创型——通过研究获得科技上的发现和发明并具有使用价值的新技术；引进型（转移型）——从企业外部引进新技术，经过消化、吸收和创新后，具有实用价值的新技术；综合和延伸型——通过对现有技术的综合和延伸，开发和应用的新技术；总结提高型——通过对企业生产经营实践的总结并充实和提高的新技术。

（2）技术开发程序

技术开发的一般程序是：技术预测→选择技术开发课题→组织研制和试验→分析评价→推广应用。

技术开发程序见图 5-7。

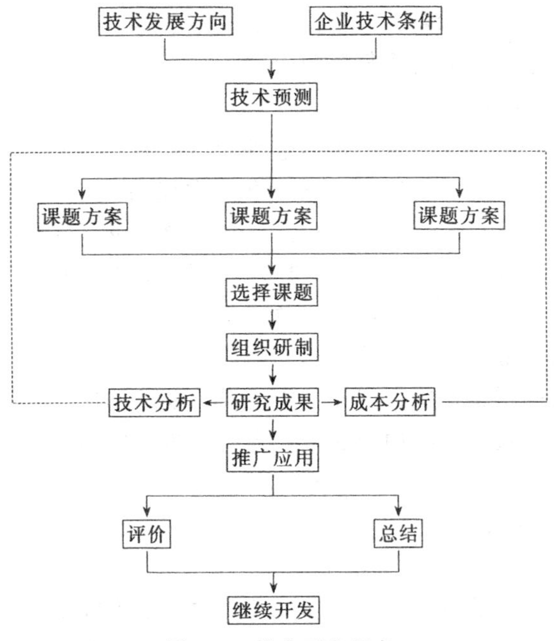

图 5-7 技术开发程序

(3) 技术开发的组织管理

技术开发的组织管理要点是：要建立专门的技术开发组织机构，如科研所（室），负责日常工作；要搞好技术开发规划，明确技术发展方向和水平，确立技术开发项目；要和技术革新活动相结合，充分利用企业现有的设备和技术力量，必要时与科研机构、大专院校协作，共同攻关；要检查落实计划执行情况和组织对成果的鉴定和推广工作。

三、质量管理

建筑装饰工程质量反映装饰工程满足相关标准规定或合同约定的要求，包括其在安全、使用功能及其在耐久性能、环境保护等方面所有明显和隐含能力的特性总和。

建筑装饰工程质量主要由使用功能质量、实体质量、工作质量所组成。工程的使用功能质量相对于业主的需求而言，并无固定和统一的标准；工程的实体质量包含工序质量、(检验批) 分项工程质量、(子分部) 分部工程质量和单位工程质量；工程的工作质量是指施工人员为了保证质量所从事的工作水平和完善程度。

(一) 质量保证体系

质量保证是企业向用户保证在规定的期限内提供能正常使用的合格产品。建筑装饰工程质量保证体系，是建筑装饰施工企业为保证在规定的期限内向业主提供高质量的建筑装饰产品，而建立的长期稳定的系统。如果没有质量保证体系，则难以保证施工合同的履行。

1. 质量保证体系的内容

质量保证体系的内容包括：质量管理、技术管理和质量保证的组织机构；质量管理、技术管理的制度；专职管理人员和特种作业人员的资格证、上岗证等。其主要工作如下：

(1) 施工准备的质量保证体系

图纸审核，编制施工组织设计，技术交底，材料、半成品、成品、构配件、器具和设备的现场验收。

（2）施工过程的质量保证体系

加强施工工艺管理，进行施工质量检查和验收，掌握工程质量动态，进行质量分析，实现文明施工。

（3）保修阶段的质量保证体系

缺陷及时修复，定期上门回访，正确对待投诉，执行保修制度。

2. 质量保证体系的运转形式

质量保证体系是严格按照质量管理工作的客观规律运转的，其基本形式是美国科学家戴明提出的 PDCA 循环。这一循环通过计划、实施、检查和处理四个阶段及其八个具体步骤，把施工过程中的质量管理有机地联系了起来。

（1）计划阶段（P）

就是以提高质量、降低消耗为目标，通过分析和判断，确定质量管理的方针和目标以及达到这些目标的具体措施和方法。这一阶段有以下四个步骤：

第一步：运用资料分析现状，找出存在的主要质量问题。

第二步：分析产生质量问题的各种影响因素。

第三步：找出影响质量因素中的主要因素。

第四步：针对影响质量的主要因素，制订措施，提出改进计划，并预计其效果。

措施或计划应该具体明确，重点说明：为什么（Why）要制订这个措施或计划？制订这个措施或计划要达到什么（What）目的？这个措施或计划在什么地方（Where）执行？这个措施或计划在什么时间（When）执行？这个措施或计划由谁（Who）来执行？这个措施或计划怎么样（How）来执行？

（2）实施阶段（D）

就是按已制订的计划去实施，也就是执行阶段。实施阶段只有一个步骤：

第五步：执行计划。

（3）检查阶段（C）

就是对照计划，检查执行效果，及时发现计划执行过程中的问题、教训及经验。检查阶段也只有一个步骤：

第六步：检查计划实施效果。

（4）处理阶段（A）

就是把经验加以总结，制订成标准、规程、制度，以巩固成绩；未能解决的遗留问题，转入下一个循环，作进一步研究。这一阶段有以下两个步骤：

第七步：总结经验。对于成功的经验，制订成标准、规程或制度，以便执行。

第八步：将遗留问题转入下一个循环。

3. 质量保证体系的运转特点

质量保证体系运转（PDCA 循环）具有以下四个特点：

（1）周而复始、循环不停

PDCA 循环就象一个不停运转的车轮，周而复始、循环不停地转动（见图5-8）。每一个循环过程的处理阶段，就是下一个循环过程的计划阶段。

(2) 旋转梯式提高

PDCA循环周而复始、循环不停的运转，但并不是在原水平上循环，而是每一次都有新的内容和目标。在工程质量管理上每经过一次循环，就解决一批问题，质量水平就提高一步，就象旋转楼梯踏步一样，不断地转动、不断地上升（见图5-9）。

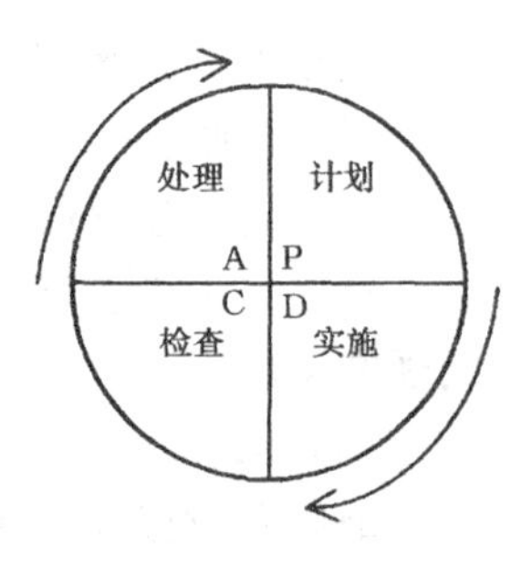

图5-8 PDCA循环

(3) 大环套小环

PDCA循环是由许多大大小小的循环嵌套而组成的（见图5-10）。如建筑装饰工程公司是一个大PDCA循环，工程项目体是小的PDCA循环，各职能部门、各施工班组就是更小的PDCA循环。上一级的PDCA循环是下一级循环的依据，下一级PDCA循环是上一级循环的贯彻、落实和具体化。各个循环之间互相协调、互相促进。

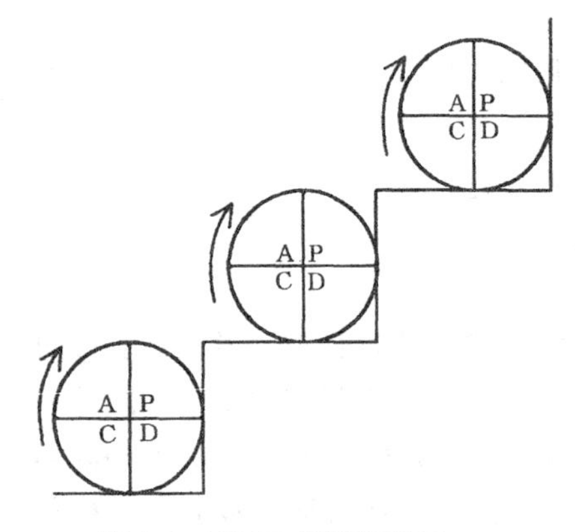

图5-9 PDCA循环提高图

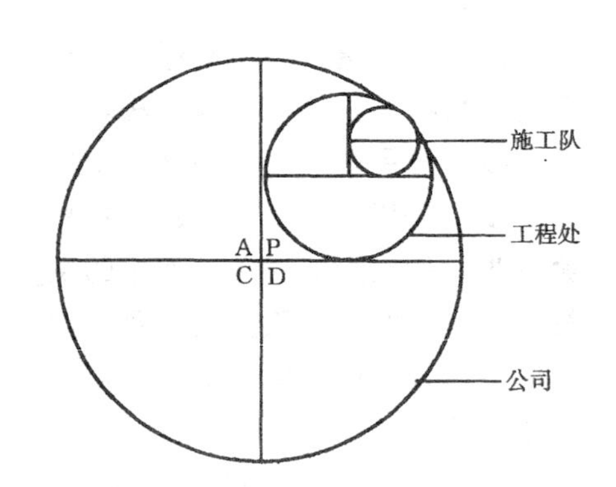

图5-10 PDCA循环关系图

(4) 围绕标准等运转

PDCA循环必须始终围绕标准、规程或制度而转动。在循环过程中必须及时发现问题，分析原因，总结经验、教训，以便在下一循环中保持成绩、避免出现同样问题。同时还应将行之有效的措施或计划以及对策，上升为新标准、规程或制度等。

4. 施工现场质量管理的检查

施工现场质量管理应有相应的施工技术标准、健全的质量管理体系和综合施工质量水平评定考核制度。

施工企业应推行施工控制和合格控制的全过程质量控制，应有健全的施工控制和合格控制的质量管理体系。这不仅包括原材料控制、工艺流程控制、施工操作控制、每道工序质量检查、各道相关工序间的交接检验以及工种之间等中间交接环节的质量管理和控制要求，还包括满足施工图设计和功能要求的抽样检验制度等。

施工企业应通过内部的审核与管理者的评审，找出质量管理体系中存在的问题和薄弱环节，并制订改进的措施和跟踪检查落实等措施，使企业的质量管理体系不断健全和完善，不断提高工程施工质量。

施工企业应重视综合质量控制水平，应从施工技术、管理制度、工程质量控制和工程质量等方面制订施工企业综合质量控制水平的指标，以达到提高整体素质和经济效益的目的。

施工现场质量管理的检查记录由施工单位按表5-5填写，总监理工程师（建设单位项目负责人）进行检查，并做出检查结论。

施工现场质量管理检查记录　　表 5-5

工程名称			施工许可证（开工证）		
建设单位			项目负责人		
设计单位			项目负责人		
监理单位			总监理工程师		
施工单位		项目经理		技术负责人	
序号	项目		内容		
1	现场质量管理制度				
2	质量责任制				
3	主要专业工种操作上岗证书				
4	分包方资质与对分包单位的管理制度				
5	施工图审查情况				
6	地质勘察资料				
7	施工组织设计、施工方案及审核				
8	施工技术标准				
9	工程质量检验制度				
10	搅拌站及计量设置				
11	现场材料、设备存放与管理				
12					

检查结论：

总监理工程师
（建设单位项目负责人）　　年　月　日

（二）质量检查

建筑装饰工程质量检查贯穿于施工的全过程中，其目的是掌握质量动态，发现质量隐患，对工程质量实行有效控制。

1. 工程质量检查的要点

建筑装饰工程应按下列规定进行施工质量检查：

(1) 工程采用的主要材料、半成品、成品、构配件、器具和设备应进行现场验收。凡涉及安全、功能的重要材料和产品，应按质量验收规范规定进行复验，并应经监理工程师（建设单位技术负责人）检查认可。

(2) 各工序应按施工技术标准进行质量控制，每道工序完成后除进行自检、专职质量检查员检查外，还应进行工序交接检查，上道工序应满足下道工序的施工条件和要求。未经监理工程师（建设单位技术负责人）检查认可，不得进行下道工序施工。

(3) 相关各专业工种、工序之间，应进行中间交接检验，并形成记录，使各相关专业工程之间形成一个有机的整体。

2. 工程质量检查的依据

(1) 国家颁发的建筑工程施工质量验收统一标准、建筑装饰工程施工质量验收规范；

(2) 原材料、半成品、成品、构配件的质量检验标准；

(3) 施工图纸及说明书等有关设计文件。

3. 工程质量检查的方法

在现场进行质量检查时，一般采用目测法、实测法、试验法等三种方法。

(1) 目测法

目测法可归纳为看、摸、敲、照四个字。

看——就是根据质量标准进行的外观目测，如壁纸、墙布裱糊后各幅拼接应横平竖直，拼接处花纹、图案应吻合，不离缝、不搭接，不显拼缝（距离墙面1.5m处正视）。

摸——就是装饰工程常用的手感检查，如美术涂饰工程应涂饰均匀、粘接牢固，不得漏涂、透底、起皮、掉粉和返锈。

敲——就是运用工具进行的音感检查，如：满粘法施工的饰面砖工程应无空鼓、裂缝；装饰抹灰工程的各抹灰层之间及抹灰层与基体之间必须粘接牢固，抹灰层应无脱层、空鼓和裂缝。

照——对于难以看到或光线较暗的部位，采用镜子反射或灯光照射进行的检查。

(2) 实测法

实测法就是根据施工质量验收规范所规定的允许偏差与现场实测资料进行对照，判断其质量是否合格。实测法也可归纳为靠、吊、量、套四个字。

靠——就是用2m靠尺和塞尺进行地面、墙面等表面平整度的检查。

吊——就是用2m垂直检测尺进行抹灰、轻质隔墙、饰面板(砖)等立面垂直度的检查。

量——就是用测量工具、计量仪器等进行尺寸、重量、温度等的检查。

套——就是用直角检测尺进行抹灰、轻质隔墙、饰面板(砖)等阴、阳角方正的检查。

(3) 试验法

试验法就是用试验手段（测试设备、仪器）对质量进行判断的检查方法。如钢材焊接质量、饰面板后置埋件的现场拉拔强度、饰面砖样板件粘结强度的检验等。

(四) 质量验收

建筑装饰工程质量验收是在施工单位自行质量检查评定的基础上，参与建筑装饰活动的有关单位共同对检验批、分项、分部、单位工程的质量进行抽样复验，根据质量验收统一标准和建筑装饰装修工程质量验收规范，以书面形式对工程质量合格与否作出确认。

1. 术语

(1) 进场验收

对进入施工现场的材料、构配件、设备等按相关标准规定要求进行检验，对产品合格与否作出确认。

(2) 检验批

按同一的生产条件或规定的方式汇总起来供检验用的，由一定数量样本组成的检验体。

(3) 检验

对检验项目中的性能进行量测、检查、试验等，并将结果与标准规定要求进行比较，以确定每项性能是否合格所进行的活动。

(4) 见证取样检测

在监理单位或建设单位监督下，由施工单位有关人员现场取样，并送至具备相应资质的检测单位所进行的检测。

(5) 交接检验

由施工的承接方与完成方双方检查并对可否继续施工作出确认的活动。

(6) 主控项目

对安全、卫生、环境保护和公共利益起决定性作用的检验项目。如饰面砖粘贴工程的主控项目是：饰面砖的品种、规格、图案、颜色和性能应符合设计要求；饰面砖粘贴工程的找平、防水、粘贴和勾缝材料及施工方法应符合设计要求及国家现行产品标准和工程技术标准的规定；饰面砖粘贴必须牢固；满粘法施工的饰面砖工程应无空鼓、裂缝。

(7) 一般项目

除主控项目以外的检验项目。如橱柜制作与安装工程的一般项目是:橱柜表面应平整、洁净、色泽一致,不得有裂缝、翘曲及损坏;橱柜裁口应顺直、拼缝应严密;橱柜安装的允许偏差和检验方法应符合表 5-6 的规定。

橱柜安装的允许偏差和检验方法　　表 5-6

项次	项　　目	允许偏差（mm）	检验方法
1	外型尺寸	3	用钢尺检查
2	立面垂直度	2	用 1m 垂直检测尺检查
3	门与框架的平行度	2	用钢尺检查

(8) 观感质量

通过观察和必要的量测所反映的工程外在质量。

(9) 返修

对工程不符合标准规定的部位采取整修等措施。

(10) 返工

对不合格的工程部位采取的重新制作、重新施工等措施。

2. 质量验收的基本要求

质量验收应按下列基本要求进行：

(1) 建筑装饰工程质量应符合统一标准和相关专业验收规范的规定；

(2) 建筑装饰工程施工应符合工程勘察、设计文件的要求；

(3) 参加工程施工质量验收的各方人员应具备规定的资格；

(4) 工程质量的验收均应在施工单位自行检查评定的基础上进行；

(5) 隐蔽工程在隐蔽前应由施工单位通知有关单位进行验收，并应形成验收文件；

(6) 涉及结构安全的试块、试件以及有关材料，应按规定进行见证取样检测；

(7) 检验批的质量应按主控项目和一般项目验收；

(8) 对涉及结构安全和使用功能的重要分部工程应进行抽样检测；

(9) 承担见证取样检测及有关结构安全检测的单位应具有相应资质；

(10) 工程的观感质量应由验收人员通过现场检查，并应共同确认。

3. 质量验收的划分

建筑装饰工程质量验收应划分为单位（子单位）工程、分部（子分部）工程、分项工程和检验批。

(1) 单位工程的划分

具备独立施工条件并能形成独立使用功能的建筑物及构筑物为一个单位工程；建筑规模较大的单位工程，可将其能形成独立使用功能的部分作为一个子单位工程。

(2) 分部工程的划分

分部工程的划分应按专业性质、建筑部位确定；当分部工程较大或较复杂时，可按材料种类、施工特点、施工工序、专业系统及类别等划分为若干个子分部工程。

(3) 分项工程的划分

分项工程应按主要工种、材料、施工工艺、设备类别等进行划分；分项工程可由一个或若干检验批组成。

(4) 检验批的划分

检验批可根据施工及质量控制和专业验收需要按楼层、施工段、变形缝等进行划分。

4. 质量验收合格的规定

(1) 检验批合格质量的规定

检验批合格质量的规定：主控项目和一般项目的质量经抽样检验合格；具有完整的施工操作依据、质量检查记录。

建筑装饰工程的检验批的合格判定应符合下列规定：

1) 抽查样本均应符合本规范主控项目的规定；

2) 抽查样本的80%以上应符合本规范一般项目的规定，其余样本不得有影响使用功能或明显影响装饰效果的缺陷；其中有允许偏差的检验项目，其最大偏差不得超过本规范规定允许偏差的1.5倍。

检验批的质量验收记录由施工项目专业质量检查员填写，监理工程师（建设单位项目专业技术负责人）组织项目专业质量检查员等进行验收，并按表5-7记录。

检验批质量验收记录 **表5-7**

工程名称		分项名称		验收部位	
施工单位		专业工长		项目经理	
执行标准名称及编号					
分包单位		分包项目经理		施工班组长	
	质量验收规范的规定		施工单位检查评定记录		监理（建设）单位验收记录
主控项目	1				
	2				
	3				
	4				
	5				
	6				
	7				
	8				
	9				
一般项目	1				
	2				
	3				
	4				
施工单位检查结果评定	项目专业质量检查员： 年 月 日				
监理（建设）单位验收结论	监理工程师（建设单位项目专业技术负责人） 年 月 日				

（2）分项工程质量验收合格的规定

分项工程质量验收合格的规定：分项工程所含的检验批均应符合合格质量的规定；分项工程所含的检验批的质量验收记录应完整。

分项工程质量应由监理工程师（建设单位项目专业技术负责人）组织项目专业技术负责人等进行验收，并按表5-8记录。

__________分项工程质量验收记录　　　　表5-8

<table>
<tr><td colspan="2">工程名称</td><td></td><td>结构类型</td><td></td><td>检验批数</td><td></td></tr>
<tr><td colspan="2">施工单位</td><td></td><td>项目经理</td><td></td><td>项目技术负责人</td><td></td></tr>
<tr><td colspan="2">分包单位</td><td></td><td>分包单位负责人</td><td></td><td>分包项目经理</td><td></td></tr>
<tr><td>序号</td><td>检验批部位、区段</td><td colspan="2">施工单位检查评定结果</td><td colspan="3">监理（建设）单位验收结论</td></tr>
<tr><td>1</td><td></td><td colspan="2"></td><td colspan="3"></td></tr>
<tr><td>2</td><td></td><td colspan="2"></td><td colspan="3"></td></tr>
<tr><td>3</td><td></td><td colspan="2"></td><td colspan="3"></td></tr>
<tr><td>4</td><td></td><td colspan="2"></td><td colspan="3"></td></tr>
<tr><td>5</td><td></td><td colspan="2"></td><td colspan="3"></td></tr>
<tr><td>6</td><td></td><td colspan="2"></td><td colspan="3"></td></tr>
<tr><td>7</td><td></td><td colspan="2"></td><td colspan="3"></td></tr>
<tr><td>8</td><td></td><td colspan="2"></td><td colspan="3"></td></tr>
<tr><td>9</td><td></td><td colspan="2"></td><td colspan="3"></td></tr>
<tr><td>10</td><td></td><td colspan="2"></td><td colspan="3"></td></tr>
<tr><td>11</td><td></td><td colspan="2"></td><td colspan="3"></td></tr>
<tr><td>12</td><td></td><td colspan="2"></td><td colspan="3"></td></tr>
<tr><td>13</td><td></td><td colspan="2"></td><td colspan="3"></td></tr>
<tr><td>14</td><td></td><td colspan="2"></td><td colspan="3"></td></tr>
<tr><td>15</td><td></td><td colspan="2"></td><td colspan="3"></td></tr>
<tr><td>16</td><td></td><td colspan="2"></td><td colspan="3"></td></tr>
<tr><td></td><td></td><td colspan="2"></td><td colspan="3"></td></tr>
<tr><td></td><td></td><td colspan="2"></td><td colspan="3"></td></tr>
<tr><td>检查结论</td><td colspan="2">项目专业技术负责人：
年　　月　　日</td><td>验收结论</td><td colspan="3">监理工程师
（建设单位项目专业技术负责人）
年　　月　　日</td></tr>
</table>

（3）分部（子分部）工程质量验收合格的规定

分部工程质量验收合格的规定：分部工程中各子分部工程的质量均应验收合格；质量控制资料应完整；地基与基础、主体结构和设备安装等分部工程有关安全及功能的检验和抽样检测结果应符合有关规定；观感质量验收应符合要求。

分部（子分部）工程质量应由总监理工程师（建设单位项目专业负责人）组织施工项目经理和有关勘察、设计单位项目负责人进行验收，并按表5-9记录。

子分部工程质量验收合格的规定：子分部工程中各分项工程的质量均应验收合格，并应符合下列规定：

1）应具备本规范各子分部工程规定检查的文件和记录；

2）应具备表5-10所规定的有关安全和功能的检测项目的合格报告；

3）观感质量应符合本规范各分项工程中一般项目的要求。

分部（子分部）工程质量验收记录 **表5-9**

<table>
<tr><td colspan="2">工程名称</td><td></td><td>结构类型</td><td></td><td>层数</td><td></td></tr>
<tr><td colspan="2">施工单位</td><td></td><td>技术部门负责人</td><td></td><td>质量部门负责人</td><td></td></tr>
<tr><td colspan="2">分包单位</td><td></td><td>分包负责人</td><td></td><td>分包技术负责人</td><td></td></tr>
<tr><td>序号</td><td>分项工程名称</td><td>检验批数</td><td>施工单位检查评定</td><td colspan="3">验收意见</td></tr>
<tr><td>1</td><td></td><td></td><td></td><td colspan="3" rowspan="7"></td></tr>
<tr><td>2</td><td></td><td></td><td></td></tr>
<tr><td>3</td><td></td><td></td><td></td></tr>
<tr><td>4</td><td></td><td></td><td></td></tr>
<tr><td>5</td><td></td><td></td><td></td></tr>
<tr><td>6</td><td></td><td></td><td></td></tr>
<tr><td></td><td></td><td></td><td></td></tr>
<tr><td colspan="2">质量控制资料</td><td></td><td></td><td colspan="3"></td></tr>
<tr><td colspan="2">安全和功能检验（检测）报告</td><td></td><td></td><td colspan="3"></td></tr>
<tr><td colspan="2">观感质量验收</td><td colspan="5"></td></tr>
<tr><td rowspan="5">验收单位</td><td>分包单位</td><td colspan="5">项目经理　年　月　日</td></tr>
<tr><td>施工单位</td><td colspan="5">项目经理　年　月　日</td></tr>
<tr><td>勘察单位</td><td colspan="5">项目负责人　年　月　日</td></tr>
<tr><td>设计单位</td><td colspan="5">项目负责人　年　月　日</td></tr>
<tr><td>监理(建设)单位</td><td colspan="5">总监理工程师
(建设单位项目专业负责人)　年　月　日</td></tr>
</table>

有关安全和功能的检测项目表　　　　表 5-10

项　次	子分部工程	检　测　项　目
1	门窗工程	1. 建筑外墙金属窗的抗风压性能、空气渗透性能和雨水渗漏性能； 2. 建筑外墙塑料窗的抗风压性能、空气渗透性能和雨水渗漏性能
2	饰面板（砖）工程	1. 饰面板后置埋件的现场拉拔强度； 2. 饰面砖样板件粘结强度
3	幕墙工程	1. 硅酮结构胶的相容性； 2. 幕墙后置埋件的现场拉拔强度； 3. 幕墙的抗风压性能、空气渗透性能、雨水渗漏性能及平面变形性能

(4) 单位（子单位）工程质量验收合格的规定

单位（子单位）工程质量验收合格的规定：单位（子单位）工程所含分部（子分部）工程的质量均应验收合格；质量控制资料应完整；单位（子单位）工程所含分部（子分部）工程有关安全和功能的检测资料应完整；主要功能项目的抽查结果应符合相关专业质量验收规范的规定；观感质量验收应符合要求。

单位（子单位）工程质量验收记录表 5-11 由施工单位填写，验收结论由监理（建设）单位填写。综合验收结论由参加验收各方共同商定，建设单位填写，应对工程质量是否符合设计和规范要求及总体质量水平做出评价。

单位（子单位）工程质量竣工验收记录　　　　表 5-11

<table>
<tr><td>工程名称</td><td></td><td>结构类型</td><td></td><td>层数/建筑面积</td><td>/</td></tr>
<tr><td>施工单位</td><td></td><td>技术负责人</td><td></td><td>开工日期</td><td></td></tr>
<tr><td>项目经理</td><td></td><td>项目技术负责人</td><td></td><td>竣工日期</td><td></td></tr>
<tr><td>序　号</td><td>项　　目</td><td colspan="2">验　收　记　录</td><td colspan="2">验　收　结　论</td></tr>
<tr><td>1</td><td>分部工程</td><td colspan="2">共　　分部，经查　　分部，
符合标准及设计要求　　分部</td><td colspan="2"></td></tr>
<tr><td>2</td><td>质量控制资料核查</td><td colspan="2">共　项，经审查符合要求　　项，
经核定符合规范要求　　项</td><td colspan="2"></td></tr>
<tr><td>3</td><td>安全和主要使用功能核查及抽查结果</td><td colspan="2">共核查　　项，符合要求　　项，
共抽查　　项，符合要求　　项，
经返工处理符合要求　　项</td><td colspan="2"></td></tr>
<tr><td>4</td><td>观感质量验收</td><td colspan="2">共抽查　　项，符合要求　　项，
不符合要求　　项</td><td colspan="2"></td></tr>
<tr><td>5</td><td>综合验收结论</td><td colspan="2"></td><td colspan="2"></td></tr>
<tr><td>参加验收单位</td><td>建设单位

（公章）
单位（项目）负责人
年　月　日</td><td colspan="2">监理单位

（公章）
总监理工程师
年　月　日</td><td>施工单位

（公章）
单位负责人
年　月　日</td><td>设计单位

（公章）
单位项目负责人
年　月　日</td></tr>
</table>

5. 当工程质量不符合要求时，应按下列规定进行处理

(1) 经返工重做或更换器具、设备的检验批，应重新进行验收；

(2) 经有资质的检测单位检测鉴定能够达到设计要求的，应予以验收；

(3) 经有资质的检测单位检测鉴定达不到设计要求、但经原设计单位核算认可能够满足结构安全和使用功能的检验批，可予以验收；

(4) 经返修或加固处理的分项、分部工程，虽然改变外形尺寸但仍能满足安全使用要求，可按技术处理方案和协商文件进行验收；

(5) 通过返修或加固处理仍不能满足安全使用要求的分部工程、单位（子单位）工程，严禁验收。

6. 质量验收的程序和组织

(1) 检验批及分项工程质量的验收程序和组织

检验批及分项工程应由监理工程师（建设单位项目技术负责人）组织施工单位项目专业质量（技术）负责人等进行验收。

(2) 分部工程质量的验收程序和组织

分部工程应由总监理工程师（建设单位项目负责人）组织施工单位项目负责人和技术、质量负责人等进行验收；地基与基础、主体结构分部工程的勘察、设计单位工程项目负责人和施工单位技术、质量部门负责人也应参加相关分部工程验收。

(3) 单位工程质量的验收程序和组织

单位工程完工后，施工单位应自行组织有关人员进行检查评定，并向建设单位提交工程验收报告。

建设单位收到工程验收报告后，应由建设单位（项目）负责人组织施工（含分包单位)、设计、监理等单位（项目）负责人进行单位（子单位）工程验收。

单位工程有分包单位时，分包单位对所承包的工程项目应按统一标准规定的程序检查评定，总包单位应派人参加。分包工程完成后，应将工程有关资料交总包单位。

当参加验收各方对工程质量验收意见不一致时，可请当地建设行政主管部门或工程质量监督机构协调处理。

单位工程质量验收合格后，建设单位应在规定时间内将工程竣工验收报告和有关文件，报建设行政管理部门备案。

第四节　建筑装饰施工企业生产要素管理

建筑装饰施工企业生产要素管理是指为保证施工生产顺利进行，而对各生产要素进行的管理活动。建筑装饰施工企业生产活动的要素有很多，劳动力、材料、设备、技术、信息、检测手段等都是企业的生产要素。这里所讲的生产要素管理是指最基本的生产要素管理，包括劳动管理、材料管理、机具设备管理等。

一、劳动管理

建筑装饰施工企业劳动管理就是关于劳动力的计划、教育、考核、激励和人力资源的组织及最优利用。它的任务是合理安排和节约使用劳动力，正确贯彻社会主义物质利益原则和按劳分配原则，充分调动全体职工的劳动积极性，不断提高劳动生产率。劳动管理的

内容包括劳动定额、劳动定员、劳动组织、劳动计划、技术培训、劳动纪律、劳动保险等方面。

（一）劳动定额

劳动定额是指在一定的生产技术和生产组织条件下，为生产一定量的合格产品或完成一定量的工作，所规定的必要劳动消耗量的标准。建筑企业的劳动定额有两种基本形式，即时间定额和产量定额。时间定额是指完成某单位产品或某项工序所必需的劳动时间；产量定额是指在单位时间内应完成的产品数量。上述两种定额在数值上是成反比例关系的，即完成单位产品所需时间越少，则单位劳动时间生产的产品数量就越多。

1. 劳动定额的作用

（1）劳动定额是国家和企业对一个工人完成生产数量和质量的综合要求，是衡量工人劳动成果的标准

通过劳动定额，把国家和企业的生产计划同生产班组和工人联系起来，工人和生产班组达到和超过劳动定额，才能保证国家和企业生产计划的完成。

（2）劳动定额是编制施工计划、组织施工的重要依据

企业各级的施工生产计划、劳动工资计划、降低成本计划、生产平衡和劳动力安排等，都必须以劳动定额为依据。

（3）劳动定额是贯彻按劳分配原则的重要依据

实行计时工资、计件工资及各种形式的人工承包、奖励等，都要以劳动定额为基础。

（4）劳动定额是企业经济核算的依据

无论是企业或基层施工单位，单位工程、生产班组的经济核算，其人工部分都要以劳动定额为依据。

（5）劳动定额是提高劳动生产率的杠杆

通过劳动定额，可以做到合理使用劳动力，不断改进施工工艺和操作方法，推广先进经验，提高机械化程度，使劳动生产率不断提高。

2. 制定劳动定额的方法

制定劳动定额必须符合先进合理的原则。所谓“先进”，就是确定劳动定额水平必须反映出采用先进技术、施工工艺和操作方法、先进的设备及具备先进的管理水平；所谓“合理”，就是从企业当前的实际出发，考虑现有的各种客观因素的影响，使劳动定额建立在现实可行和可靠的基础上。

（1）经验估工法

就是由老工人、技术人员和定额员，根据自己的经验，结合分析图纸、工艺规程和产品实物，以及考虑所使用的设备工具、原材料及其他生产条件，估算制定劳动定额的方法。这种方法的优点是：简便易行，工作量小；制定速度快，可及时满足管理需要。缺点是：容易受估工人员的水平和经验局限的影响，定额的准确性较差。

（2）类推比较法

就是以同类型产品的定额水平或技术测定的实耗工时为标准，经过分析比较，类推出同一组定额相似项目的定额的方法。类推比较法的优点是：依据相对可靠，只要同类型工序产品的定额时间准确，依此法制定的定额也就相对准确；工作量相对较少，制定速度快。缺点是一旦依据的类型产品定额准确性差，则依此制定的定额的准确性也将很差。

(3) 统计分析法

就是根据过去生产同类产品或类似产品的工时消耗统计历史资料，经整理分析，并结合当前的生产技术组织条件的状况来制定定额的方法。该方法的优点是：方法简单，易于掌握；有一定的依据，可靠性较高，说服力增强，易被操作者接受。缺点是受统计资料的制约，会把某些不合理、不正常的因素包括进去，缺乏科学的论证。

(4) 技术测定法

就是根据对生产技术组织条件的分析和研究，在拟定措施挖掘生产潜力的基础上，运用技术标准和测定计算来制定定额的方法。其步骤一般包括：分解工序；分析设备状况；分析生产组织和劳动组织；最后进行现场观察和计算分析，也就是进行时间研究。在测出操作时间消耗值后，再根据被观察者不同的工作水平和条件，利用适当的评定系数将实测时间还原成标准工作状况下的正常工作时间，然后适当地放宽，最后核算出定额标准时间。这种方法的优点是比较科学、准确。缺点是工作量大、对工作人员素质要求高。

(二) 劳动生产率

劳动生产率是指劳动者在生产中的产出与创造这一产出的投入时间之比。一般用单位时间内生产某种合格产品的数量或产值来表示，亦可用生产单位合格产品所消耗的劳动时间表示。

1. 影响劳动生产率的因素

影响企业劳动生产率的因素，可分为外部因素和内部因素两大类。

一般来说，外部因素是不在企业控制之内的因素，内部因素是企业控制之内的因素。因为外部因素（如立法、税收、各种相关政策等），对各类建筑装饰施工企业的影响程度基本相同，所以这些因素是企业无法控制的。但企业在制定劳动生产率计划时，应充分考虑这些不可控制的外部因素的影响。

影响企业劳动生产率的内部因素主要有：劳动者水平（包括经营者的管理水平、操作者的技术水平、劳动者的觉悟水平即劳动态度等）；企业的技术装备程度（如机械化施工水平、设备效率和利用程度等）；劳动组织科学化、标准化、规范化程度；劳动的自然条件；企业的生产经营状况。

2. 提高劳动生产率的主要途径

劳动生产率的提高，就是要劳动者更合理更有效率地工作，尽可能少地消耗资源，尽可能多地提供产品和服务。

提高劳动生产率最根本的是使劳动者具有高智慧、高技术、高技能。真正的劳动生产率提高，不是靠拼体力和增加劳动强度。由于人类自身条件的限制，这样做只能导致生产率的有限增长。提高劳动生产率的主要途径是：

(1) 提高全体员工的业务技术水平和文化知识水平，充分开发职工的能力；

(2) 加强政治思想工作，提高职工的道德水准，搞好企业文化建设，增加企业凝聚力；

(3) 提高生产技术和装备水平，采用先进施工工艺和操作方法，提高施工机械化水平；

(4) 不断改进生产劳动组织，实行先进合理的定员和劳动定额；

(5) 改善劳动条件，加强劳动纪律；

(6) 有效地使用激励机制。

(三) 劳动组织、劳动保护、劳动纪律

1. 劳动组织

劳动组织是指劳动者在劳动过程中建立在分工与协作基础上的组织形式，它的任务是解决劳动者之间以及劳动者与物质条件之间的关系，不断提高劳动生产率，保证工程施工任务的完成。合理的劳动组织应该是适合于现代企业制度和现场施工的需要，有利于劳动力的合理使用和有效管理。

建筑装饰施工企业必须采用项目管理层和劳务作业层分离为主的劳动组织形式，其主要做法是：

(1) 成立劳务开发公司

劳务开发公司就是以开发劳务资源，为企业等提供劳务服务，把劳动力的管理和使用分开的一种服务性机构。其主要工作是：开发劳务资源，组织劳务培训，提供劳务服务，管理劳务技术考核、工资福利、劳动保险等。劳务开发公司是企业化、社会化经营的单位，它与企业内外的用工单位均是一种提供服务的关系。当施工项目部需要劳动力时，由劳务开发公司按照要求的数量、工种、技术等级提供劳务服务；当施工任务结束，施工项目部不需要劳动力时，则将劳动力退回劳务开发公司。这种劳动组织形式的特点是：使劳动力的使用可以按照不同建筑装饰产品的类型、规模以及施工各阶段工作量的变化来组织，使得工作量的大小与劳动力的使用达到最大限度的平衡，从而提高劳动生产率。

(2) 成立劳务分包公司

将成建制的农村建筑队伍组成劳务分包公司。这种劳务队伍一般是有组织、有资质的，人员、工种齐全的，有一定管理及协调能力的。施工企业有施工任务时，可通过协商签订合同，与农村建筑队确立劳动关系。一旦项目完成，劳动关系即告结束。这种组织形式的特点是：施工队伍较稳定，各专业各工种之间协调较好，不需承担或较少承担劳务人员的培训费用。

2. 劳动保护

劳动保护是指为了保证劳动者在生产过程中的安全和健康而采取的各种技术措施和组织措施的总称。

建筑装饰施工企业劳动保护的基本任务是：采取各种技术措施和组织措施，不断改善职工的作业条件和生活条件，消除生产中的不安全因素，预防工伤事故，保证劳动者安全生产；加强劳动卫生管理，防止和控制职业中毒或职业病，保障劳动者的身体健康；实行劳逸结合，科学合理地安排工作时间和休息时间，减轻劳动强度、实行文明施工；对女职工实行特殊保护，根据妇女生理特点的需要，妥善安排好她们的工作。

劳动保护的内容如下：

(1) 建立劳动保护制度，健全劳动保护组织

根据国家劳动法规和制度，结合企业的具体情况，建立健全相应的劳动保护方面的规章制度并加以贯彻执行。为了搞好劳动保护工作，企业要设有专门的机构和人员进行经常性的工作。建立健全规章制度的目的在于，把生产和安全统一起来，促使各级领导和全体员工分工协作，共同努力，认真负责地把劳动保护工作搞好，保证安全生产的实现。

(2) 做好安全技术工作

安全技术指在施工过程中，为了保护劳动者，防止和消除伤亡事故而采取的各种技术组织措施。它主要解决如何防止和消除突然事故对职工安全和施工安全的威胁。

(3) 改善职工劳动条件

做好夏季防暑、冬季防寒以及消除粉尘危害的劳动保护用品和发放工作，对职工进行定期的体检，并要严格控制加班加点，注意劳逸结合。

(4) 加强安全施工教育

为了提高职工对安全施工的责任感和自觉性，使职工掌握安全施工技术、遵守有关安全施工的规章制度和操作规程，就必须加强安全施工教育。

(5) 加强安全施工检查

安全施工检查包括企业自身在施工中的经常性检查，也包括由地方政府或主管部门组织的定期检查、专业检查、季节性检查和节假日前后的检查等。

3. 劳动纪律

劳动纪律是劳动者进行劳动时所必须遵守的规则和秩序，它包括组织、施工、技术、工作时间、安全保卫、文明施工等方面的纪律。要严肃劳动纪律，就必须做到以下几点：

(1) 遵守组织纪律，明确职责分工、上级与下级、领导与被领导等的关系；

(2) 遵守企业的一切规章制度以及规范、规程等的要求；

(3) 严格考勤制度；

(4) 明确责任、奖惩分明。

二、材料管理

材料管理对企业顺利完成施工生产任务，加速资金周转、提高资金利用效果，以及保证建筑产品质量、降低成本，具有重要的意义。材料管理包括材料供应过程管理和生产使用过程管理，其任务是把好供、管、用三个环节，以最低的材料成本，按质、按量、按期、配套供应施工所需的材料，并监督和促进材料的合理使用。

(一) 材料计划

1. 按材料计划的用途分

(1) 材料需用计划

一般由最终使用材料的施工项目部编制，是材料计划中最基本的计划，是编制其他计划的基本依据。材料需用计划应根据不同的使用方向，按单位工程，依据材料消耗定额进行计算，并逐步列出需用材料的品种、规格、质量、数量。

(2) 材料供应计划

是材料供应部门根据材料需用计划、材料库存情况及合理储备等要求，经综合平衡后制定的，指导材料订货、采购等活动的计划。它是组织、指导材料供应与管理业务活动的具体行动计划。

(3) 材料加工订货计划

是为了获得材料资源与加工厂商或供货单位签订加工、定货合同而编制的计划。

(4) 材料采购计划

是为采购人员向市场采购材料而编制的计划。

2. 按材料计划的期限分

（1）年度材料计划

是各项材料工作的全面计划，是全面指导材料供应工作的主要依据。在实际工作中，由于材料计划编制在前，施工计划编制在后，故在计划执行过程中要根据施工情况的变化，注意对材料年度计划的调整。

（2）季度材料计划

是年度材料计划的具体化，也是为适应情况变化而编制的一种平衡调整计划。

（3）月度材料计划

是施工项目部根据当月施工形象进度安排编制的需用材料计划，它比年度、季度计划更细致，内容也更全面。

（二）材料采购

1．材料采购管理制度

材料采购管理制度是材料采购过程中采购权的划分及相关工作的规定。材料采购权原则上应集中在企业的决策层，在具体的实施中，一般有以下三种情况：

（1）集中采购管理

集中采购管理就是由企业统一采购全部材料，再根据各施工项目材料需用计划在企业范围内进行综合平衡，分别向各施工项目供应材料。

集中采购管理有利于加强企业对材料采购活动的指导、监督和控制；有利于统一决策；面对市场变化和市场竞争；有利于资金统筹使用，提高资金使用效果；有利于采购队伍专业化，提高采购人员素质；便于进行大批量采购，获得材料折扣的优惠，降低材料采购成本。但对于施工项目分散的企业来讲，实行集中采购统一管理就很不方便，不利于发挥因地制宜、就地、就近采购的优势，不能适应施工现场复杂的变化情况。

（2）分散采购管理

分散采购管理是指企业将材料采购权授予施工项目部，由各施工项目部自行组织采购材料。

分散采购管理能充分发挥施工项目部的积极性，因地制宜地进行采购，能满足施工项目的实际需要，适应施工现场的复杂变化情况。但分散采购管理不利于企业对采购工作进行统一管理，很难加强对施工项目部采购工作的监督和控制；不能对资金进行统一管理，解决企业资金不足的问题；不能最大限度享受价格折扣的优惠，增加了检验、采购费用及提高了材料采购成本。

（3）混合采购管理

混合采购管理是指对大宗材料、通用材料和主要材料由企业统一采购，而对特殊材料、零星材料由施工项目部自行采购。

2．材料采购方式

在市场经济条件下，建筑装饰施工企业无论采用上述何种材料采购管理，都还要根据复杂多变的市场情况，采取灵活多样的采购方式，既要保证现场施工的需要，又要尽量降低采购成本。常用的材料采购方式主要有以下五种：

（1）合同订购

对于消耗量大的、需提前订货的材料，可通过签订购销合同把供需关系确定下来，以保证供应。

(2) 自由选购

对于市场上货源充足、价格升降幅度较小、随时都能买到的材料，企业可长期选取随用随购的自由选购方式。

(3) 委托代购

因受自身采购力量的限制，企业可委托代理商代购所需的材料。

(4) 加工订货

对于市场上没有现货的材料，需要委托加工单位按所需材料的特殊要求来进行加工。

(5) 租赁

对于周转性材料、各类施工机具和设备，企业可通过租赁的方式获得对它们的使用权。

(三) 材料保管

1. 材料验收入库

材料验收的目的是为了分清企业内部和外部的经济责任，防止进料中的差错事故和因供货单位、运输的责任事故而造成不应有的损失。材料验收入库的步骤和工作内容如下：

(1) 接收材料

接收材料工作是材料保管的开始，必须认真检查，防止在运输前或运输中就已发生损坏、差错的材料进入仓库。

(2) 证件核对

主要核对到货合同、入库单据、发货票、运单、装箱单、发货明细表、质量证明书、产品合格证以及货运记录、商务记录等有关资料，核对无误后应妥善保管。

(3) 检验实物

材料的实物检验可分为数量检验和质量检验。数量检验应按照合同要求，采用过磅称重、量尺换算、点箱点件等检验方式，仔细核对到货的实物。

材料质量检验又分为外观检验和材质检验。外观检验由材料员通过眼看、手摸或利用工具查看材料的表面质量情况，如是否有破损、变色、腐蚀、变形及表面缺陷等问题。材质检验则是通过检测部门，采用试验仪器测定材料的物理、化学及力学性能指标是否达标。

(4) 办理手续

经验收合格的材料，应及时办理入库手续。

2. 材料保管与保养

材料保管与保养就是依据材料的性能和仓库条件，按照材料保管规程，采用科学方法进行保管和保养，以减少材料保管的损耗，保持材料的原有使用价值。

(1) 材料保管

仓库材料保管的基本要求是：库存材料堆放合理，质量完好，库容整洁美观。为此，要全面规划、科学管理，制度严密、防火防盗，勤于盘点、及时记帐。

根据材料的性能、搬运与装卸的保管条件等，合理安排材料堆放，便于收发管理。如：同类材料应安排在一处，性能上互相影响的材料严禁安排在同一处；材料必须按类分库、新旧分堆、规格排列、上轻下重、危险专放、上盖下垫、定量保管、五五堆放、标记鲜明、质量分清、过目知数、定期盘点。

要建立健全材料保管的管理制度，并在工作中严格执行。要做好防火防盗的工作，根据所保管的材料不同，配置不同类型的灭火器具。

要做到日清、月结、季盘点，平时收发材料时，随时进行盘点，发现问题及时解决。要健全料卡、料帐、原始记录制度，收发盘点及时记帐，做到卡、帐、物三相符，为材料统计与成本核算提供资料。

(2) 材料保养

材料保养的实质是：根据库存材料的物理、化学性能和所处的环境条件，采取措施延缓材料的质量变化。

材料保养要加强仓库的温度、湿度、防锈、防虫害的管理，具体办法是保持仓库通风、密封、吸湿、防潮。必要时在仓库内外设置测温、测湿仪器，进行日常观察和记录，及时掌握温、湿度的变化情况，控制和调节温、湿度。

对于化工材料如涂料等，仓库的温度过高会发生熔化、挥发；温度过低会发生凝固、硬结变化。仓库的湿度过高会使易霉物质发霉腐烂，使吸潮性化工原料潮解、溶化，使水泥结块、失效等。金属及其制品在周围介质的化学作用下易被腐蚀，主要预防措施是破坏其产生化学反应和腐蚀的条件。要做好库区的卫生工作，消除害虫生存和繁殖的条件。

3. 材料发放

材料发放要本着先进先出的原则，准确、及时地为施工现场服务，保证工程施工顺利进行。

(1) 发放准备

材料出库前，应准备好计量的工具、装卸运输的设备和人力、随货发出的有关证件，以提高材料的出库效率。

(2) 核对凭证

发料时要认真审核材料发放的规格、品种、数量，并核对签发人的签章及单据的有效印章，非正式的或经涂改的凭证一律不得发放材料。

(3) 备料

凭证经审核无误后，应按凭证所列的品种、规格、数量准备材料。

(4) 复核

为防止差错，备料后要检查所备材料是否与出库单所列相吻合。

(5) 点交

发料人与领料人应当面点交清楚，分清责任。

(四) 材料的现场管理

现场材料管理是指整个工程施工期间（包括施工准备阶段、施工阶段、竣工收尾阶段）的全部材料的管理工作。现场材料管理的好坏，不仅反映施工企业现场管理和文明施工的水平，而且对于保证工程进度、提高施工质量、合理使用材料、降低工程成本、提高劳动生产率、确保安全生产等都具有十分重要的意义。

1. 施工准备阶段的材料管理

施工准备阶段的材料管理主要是做好以下材料准备的管理工作：

(1) 了解工程概况、调查现场条件

通过熟悉设计文件、查阅施工合同，了解工程概况以及对材料供应与管理的要求，了解工期要求及材料的供应分工和方式等情况；通过踏勘施工现场，了解地形、气象、运输、资源状况及自然条件等情况。

(2) 建立健全施工现场材料管理制度、并严格遵照执行

(3) 计算材料需要量、编制材料计划

根据施工组织设计和资源供应信息，编制各类材料计划，并按计划要求落实货源。

(4) 积极参加施工组织设计中有关材料堆放位置的讨论

按照施工平面图的要求，进行临时仓库、运输道路及消防安全设施的布置，以确保施工过程中材料供应工作的顺利进行。

2. 施工阶段的材料管理

施工阶段的材料管理主要是做好以下材料供应的管理工作：

(1) 把好进场材料验收关

现场材料员对进场材料要严格进行“四验”(验品种、验规格、验数量、验质量)，并做好原始记录，经核对无误后才能办理正式验收凭证。在验收中发现短缺、损坏、质量不符、凭证不符等情况，要立即查明原因，有质量问题的要拒收退货。

(2) 加强现场平面管理

根据工程的不同施工阶段以及材料数量的变化，及时调整材料堆放位置，尽量避免或减少二次搬运。根据施工进度做好现场材料平衡，及时、正确地组织材料进场，以保证现场施工的需要。

(3) 严格执行限额领料制度

为了加强对施工班组的材料消耗情况的考核，应严格执行限额领料制度。限额领料制度是按照一定的定额标准，通过限额领料单的周转，向施工班组供料的供应制度。限额领料制度一般包括限额领料单的签发、下达、应用、检查、验收和考核等环节。

(4) 加强材料使用过程中的监督

为了提高材料的利用率，防止不按图纸、不按配合比施工以及防止计量器具的失灵，材料员在施工现场要加强对材料使用的监督，抓好材料节约措施的落实。

3. 竣工收尾阶段的材料管理

竣工收尾阶段的材料管埋主要是做好材料盘点、回收和转移的管理工作。

(1) 控制进料

为了避免造成现场材料的积压，在竣工收尾阶段应查清库存材料数量和班组已领未用材料的数量，编制竣工阶段材料供应计划，严格控制进料。

(2) 清理现场

工程竣工后，应全面清理施工现场，拆除不用的临时设施，将多余材料收集、整理好，并进行适当处理。

(3) 整理好单位工程材料消耗的原始记录和台帐

分析单位工程材料消耗的节约和浪费的原因，找出经验和教训，编写单位工程材料工作报告，以利今后改进材料供应与管理工作。

三、机具设备管理

机具设备管理是围绕装饰施工机具设备所进行的选用、保养、修理及现场管理等工作的总称。机具设备管理的目标是：正确使用机具设备，保持其良好的技术状态，充分发挥机具设备的效能，以达到安全、优质、高效、低耗地完成装饰施工任务。

（一）机具设备的正确选用

机具设备的选用正确与否，将直接关系到施工进度、质量和成本。应根据施工现场的条件、施工组织设计机具设备使用计划，并通过不同类型机具设备施工方案的经济分析，正确选用机具设备。机具设备的正确选用主要包括技术合理和经济合理两方面的内容。

1. 技术合理

技术合理是指根据机具设备的技术性能、使用说明、操作规程等在适用范围内正确选用。如：电锤主要用于混凝土等结构表面剔、凿和打孔，作冲击钻使用则可用于门窗、吊顶和设备的安装钻孔；冲击电钻利用其冲击功能可以对混凝土、砖墙等进行钻孔，若利用其纯旋转功能可以当作手电钻使用；手电钻可以对金属、塑料、木材等进行钻孔。又如手提式石材切割机的切割刀片有干作业用的和湿作业用的，选用湿型刀片时，在切割工作开始前，要先接通水管，给水到刀口后才能按下开关，并匀速推进切割。

2. 经济合理

经济合理是指在机具设备的允许范围内，充分发挥机具设备的效能，以较低的消耗获取较高的经济效益。

（1）高效率

指机具设备的技术性能得到充分的发挥。

（2）经济性

指在可能的条件下，使单位实物工程量的机具设备使用成本达到最低。

（3）不正常损耗的防护

指应避免或杜绝由于使用不当或缺乏应有措施而导致机具设备的早期磨损、过度磨损、事故损坏以及使原机具设备的技术性能受到损害或使用寿命缩短等不合理的使用现象。

（二）机具设备的保养与修理

1. 机具设备的保养

机具设备的保养是在零件尚未达到极限磨损或发生故障以前，对零件采取相应的维护措施，以降低零件的磨损速度，消除产生故障的隐患，从而保证机具设备的正常工作，延长其使用寿命。

机具设备保养的目标是提高机具设备效率、减少材料消耗和降低维修费用。在确定保养内容时，应充分考虑机具设备的类型及新旧程度、使用环境和条件、维修质量、润滑油及配件的质量等因素。机具设备保养的内容如下：

（1）清洁

指对机具设备零件表面的定期检查与清洗，以减少运动件的磨损。

（2）紧固

指对机具设备的连接件及时进行检查紧固，以减少因运动件的松动而引起零件受力不均、漏电、漏水、漏油等故障。

（3）调整

指对零件的工作参数（间隙、角度、行程等）进行的检查调整，以保证零件的正常工作。

（4）润滑

指按操作规程定期加注或更换润滑油，以保持零件之间的良好润滑、减少磨损。

（5）防腐

指对零件或机具表面涂抹油脂或防锈漆，以防止因零件或机具表面的锈蚀而影响零件的正常运转。

2. 机具设备的修理

机具设备的修理是为维持机具设备的正常运转，更换或修复磨损失效的零件，并对整机或局部进行拆卸、调整的技术作业工作。

机具设备修理的方式有以下几种：

（1）故障修理

指机具设备发生故障或技术性能下降到不能正常使用时所进行的非计划性修理。

（2）定期修理

指根据零件在使用期内发生故障的规律，制定修理计划，并按计划在零件使用寿命结束前更换或修理。

（3）按需修理

指通过一定的检测手段，检查机具设备的技术状况，有针对性地安排计划进行修理。

（4）综合修理

指按机具设备的结构、重要程度、运行工况、使用年限等采取不同的修理方式。

（5）预知修理

指利用先进的检测技术，对机具设备进行不解体检测，经过分析诊断安排修理项目。

（三）机具设备的现场管理

机具设备的现场管理的目的是维持机具设备的技术性能，以保证施工的连续、均衡、协调和高效。

1. 施工现场的机具设备准备

施工现场的机具设备准备包括以下内容：

（1）根据施工现场条件和施工顺序，合理布置机具设备的施工场地；

（2）根据施工组织设计的机具设备需用计划，组织安排机具设备进场；

（3）需要在现场安装的机具设备，应根据技术文件的规定组织安装、调试；

（4）进入现场的机具设备，应保持良好的技术状况，并在使用前进行检查和保养，以确保施工中安全运行；

（5）对现场机具设备要悬挂安全操作规程和岗位责任标牌；

（6）根据施工进度计划确定施工班组和工作班制；

（7）配备机具设备的现场维修力量。

2. 施工现场的机具设备管理

施工现场的机具设备管理包括以下内容：

（1）以施工计划为依据，在施工过程中对机具设备进行合理的组合和协调，以达到机具设备施工的连续、均衡、提高生产率；

（2）根据施工现场情况，合理安排保养和维修的时间，尽量使保养、修理时间不过于集中；

（3）人机固定，实行机具设备使用、保养的责任制；

(4) 为保证机具设备的合理使用、安全运转，重要机具设备的操作人员应持证上岗，并随时接受检查；

(5) 机具设备在多班作业或多人轮流使用时，为了保证互通情况、分清责任、防止损坏、机具设备施工能连续进行，必须建立交接班制度，并做好交接班记录；

(6) 建立健全安全施工责任制，贯彻执行机具设备安全技术规程，安全施工，防止事故发生；

(7) 定期开展机具设备使用、保养、修理、现场管理的竞赛和评比，以调动施工人员的积极性。

第五节　建筑装饰施工企业财务与成本管理

建筑装饰施工企业财务与成本管理是对企业资金运作的管理活动。财务与成本管理具有很强的综合性，它用价值量对企业的全部活动进行全面控制，达到降低成本、提高效益的目的。财务与成本管理的主要内容有：财务决策、资产管理、成本管理和经济核算等。

一、财务决策

财务决策是财务与成本管理的首要环节。财务决策按决策的期限长短可分为长期决策与短期决策，按决策的重要程度可分为经营决策（涉及经营方针、目标的重大决策）与日常决策（日常经营活动的执行性决策），按决策的内容可分为筹资决策、投资决策和资产管理决策。

(一) 筹资决策

筹资是通过各种渠道和方式筹措生产经营所需资金的财务活动。企业筹资是企业资金运动的起点，它对于企业的创建、生存、发展乃至管理目标的实现都有着十分重要的意义。

1. 企业筹资的原则

(1) 以资金需要量和投放时间为依据；

(2) 将筹集资金与投资效果相结合；

(3) 合理选择筹资方式以降低资金成本；

(4) 要充分考虑偿还债务的能力。

2. 企业筹资的渠道

筹资渠道是指筹措资金的方向与通道，一般有七种：即国家财政资金、银行信贷资金、非银行金融机构资金、其他企业资金、民间资金、企业资金和外商资金。

3. 企业筹资的方式

筹资方式是指筹措资金所采取的具体形式，一般有六种：即吸收直接投资、发行股票、商业信用、银行借款、发行债券和融资租赁。

4. 影响筹资的因素

影响筹资的因素主要有以下几点：

(1) 成本

指筹集资金的资金成本。它是筹资效益的抵消因素，筹资时应尽可能选择资金成本低的筹资方式。

(2) 条件

指取得资金时的一些附加条件，如举债的限制性条款等。

(3) 时间

指企业取得资金的时间能否与实际需要资金的时间相符，如果时间不符合，就会失去筹资意义。

(4) 风险

指筹资风险。不同的筹资方式有不同的风险，其给企业带来的风险损失也各不相同。风险是客观存在的，它虽不能消除但能避免或降低，故在筹资中应选择风险小的筹资方式。

(5) 弹性

指使用筹集资金的灵活性。由于各种筹资方式的弹性不一样，而企业使用资金的情况也不完全相同，因此应根据各种资金需要的具体情况来确定是否用有弹性的资金。

5. 筹资决策的方法

在对以上各个影响筹资的因素进行分析对比后，可采用以下方法进行比较，从而做出决策。

(1) 筹资成本的比较

是对各种资金来源的资金成本进行比较，实际是对不同筹资结构的综合资金成本进行比较。

(2) 筹资条件的比较

是指在各种筹资方式下，对投资人提出的各种附加条件进行比较，选择附加条件最少的筹资方式。在有些情况下，则是对能满足企业提出条件的投资人进行选择。

(3) 筹资时间的比较

不同来源的资金，由于使用期限的不同而引起的成本和效益之间的差异，可直接将不同筹资方案的使用时间作比较。

(4) 筹资风险的比较

企业在筹资中因安排不同的筹资方式而使收益发生变动的风险称为筹资风险。企业筹资风险不仅是企业自身原因引起的，还有外部环境（如国家政策、资金市场的风险等）的影响。因此在进行筹资决策时，必须将各筹资方案的综合风险进行比较，选择风险最小的方案。

(5) 筹资效益的比较

将资金的使用效益和筹资成本结合起来进行比较，选择筹资效益最好的方案加以实施。具体有筹资方案可行性比较和最佳筹资方案选择比较等内容。

(二) 投资决策

投资是一种资金运作活动，其目的在于增加资产，获取最大收益。在投资活动中，为了提高投资收益，要求对各种投资机会或投资方案进行评价和优选。投资决策就是选择投资机会、拟定投资方案，并进行评价和优选的活动。

1. 投资的分类

(1) 按投资期限长短分为短期投资（1年以内）、长期投资（1年以上）；

(2) 按投资资金的性质分为固定资产投资、流动资产投资。

2. 投资决策的原则

投资决策应遵循的原则是：讲究经济效益；正确处理企业经济效益与社会经济效益的关系；正确处理近期效益与远期效益的关系；正确处理生产性投资与非生产性投资的关系。

3. 投资决策的方法

（1）静态分析法

静态分析法是指在评价和选择投资方案时，从静止的状态出发，不考虑资金的时间价值（利息）对投资效果影响的一种方法。常用的静态分析法有投资回收期法、折算费用法等。

（2）动态分析法

动态分析法与静态分析法不同，它用运动的观点评选方案，即在方案评选过程中考虑了资金的时间价值。动态分析法的方法很多，将在专业方向课程中介绍，此处不再赘述。

二、资产管理

建筑装饰施工企业要进行生产经营活动，就必须拥有或控制一定的资产。资产是企业拥有或控制的、能以货币计量的资源，包括各种财产、债权和其他权利。

资产按其流动性和变现能力分为流动资产和长期资产。流动资产是可以在1年或不超过1年的一个营业周期内变现或耗用的资产，包括现金、短期投资、应收帐款、存货、待摊销费用等；而长期资产则是不准备或不需要在1年或超过1年的一个营业周期内变现或耗用的资产，包括长期投资、固定资产、无形资产、递延资产等。

资产按其是否具有实物形态可分为有形资产和无形资产。有形资产是有实物形态的资产，如现金、存货、固定资产等；无形资产是不具有实物形态，但能够在企业生产经营中长期发挥作用的权利、技术等特殊性资产，如专利权、商标权、著作权、土地使用权、专有技术、商业信誉等。

（一）流动资产管理

1. 现金管理

现金管理的基本要求是：钱帐和章证分管，确保现金的安全完整；严格遵守现金开支范围和银行结算制度；加速现金流入，减缓现金流出；确定最佳现金持有量。

在现金管理中，企业除合理编制现金预算和确定现金持有量外，还必须加强现金的日常管理。

（1）分析研究影响现金余额水平变化的因素

一般情况下应考虑的因素有：宏观经济状况的变化，销售季节的变化，企业计划的现金流量，企业未偿清债务的投资到期情况，重要的临时性支出，企业应付紧急状况的筹款能力等。

（2）加速收款

为了提高现金的使用效率，加速现金周转，企业应尽量加速收款，即在不影响未来销售的情况下，尽可能快地收回现金。为此要尽量做到：缩短付款的邮寄时间，缩短收到开来支票与支票兑现之间的时间，加速现金存入往来银行的过程。

（3）控制现金支出

企业除以最快的速度收回款项来提高现金的利用效率外，还可以推迟现金支出的时间来达到相同的目的。

(4) 现金收支的综合控制

现金支出应采取的综合控制措施是：力争现金流入量与流出量同步，实行内部牵制制度，及时进行现金的清理，遵守国家规定的库存现金的使用范围，做好银行存款的管理，适当进行证券投资。

2. 应收帐款管理

应收帐款是企业以赊销方式销售产品或提供劳务所形成的尚未收回的各种款项。

(1) 应收帐款的构成

企业应收帐款有应收工程款和其他应收款等。

应收工程款主要包括：承建工程应向发包单位收取的工程款，提供劳务、作业应向接受劳务、作业单位收取的款项。

其他应收款是除应收工程款外的其他各种应收款项的总称，如：企业应收的赔款、罚金、利息，应收的各种暂付款（如包装物押金）、各种代交款项以及拨付企业内部的业务周转金、备用金等。

(2) 应收帐款的管理

应收帐款是企业为扩大销售、增加收入和盈利而采用的商业信用手段。企业在运用这一手段时要注意信用政策（包括信用标准和信用条件）的变化，改变或调节应收帐款的大小，建立健全收款办法体系（如按期催收、规定允许拖欠的期限等）。

在给客户赊销前，应掌握好信用标准（企业对于客户信用要求的最低标准），必须对其资产情况及所能提供的物资担保、经营情况、偿债能力和信用程度进行分析和评估。在应收帐款发生后，应根据规定的信用条件（企业要求客户支付赊销款项的条件，包括信用期限和现金折扣），加快应收帐款的回收，减少坏帐损失。

(3) 坏帐准备金

企业承揽工程、提供劳务、赊销产品的应收帐款收不回来的款项即为坏帐，由此产生的风险称为坏帐风险。

为了适应社会主义市场经济的发展要求，从谨慎原则出发，考虑企业的潜在风险，现行制度允许企业建立坏帐准备金制度。即企业可以于年度终了，按照年末应收帐款的一定比例计提坏帐准备金，计入管理费用。这样，企业每年年末都结存着应收帐款的一定比例的坏帐准备金，可用于下一年的坏帐损失。

3. 存货管理

存货是企业在生产经营过程中为销售或者耗用而储备的物资。企业存货的目的主要表现在保证生产经营连续进行和获取价差收益两个方面。存货管理的目标在于权衡存货收益与存货成本的大小，使存货收益——成本最优化。

(1) 存货的分类

存货按其来源和用途，可分为：企业购入的各种材料和燃料；低值易耗品（指单位价值在规定限额以下或使用年限在 1 年以下的劳动资料）；在产品和半成品（指还未全部完成生产过程，或虽已完成但尚未验收入库，不能作为对外销售的产品）；成品（指已完成全部生产过程，并已验收入库，可以对外销售的产品）；商品（指企业购入的无需经过任何加工就可以对外出售的产品）。

(2) 存货的成本

要持有一定数量的存货，就会有一定成本的支出。存货成本包括：采购成本（由买价、运杂费等构成），订货成本（为订购材料、商品而发生的成本），储存成本（如占用资金的利息、仓储费、搬运费、保险费以及损耗等），缺货成本（存货库存中断而造成的损失）等。

为了降低存货成本，企业应采取的措施有：认真研究市场供应情况，货比三家、价比三家，采购质量好、价格低的物资，以降低采购成本；采取大批量采购，减少订货次数，以降低订货成本；采用小批量采购，减少储存数量，以降低储存成本；合理确定经济批量，避免由于储存过多，时间过长而造成变质、过时的损失，或由于储存过少不能满足施工的需要而造成待料的损失，以降低缺货成本。

(3) 存货的管理方法

存货管理是在日常生产经营中，按存货计划的要求，对存货的使用和周转情况进行的组织、调节和监督。

存货管理的主要方法有：存货的分级分口控制，ABC 分类法，经济批量法等。

存货的分级分口控制是加强存货日常管理的重要方法，其主要内容包括：在经理的领导下，财务部门对存货资金实行统一管理；根据使用资金与管理资金、物质管理与资金管理相结合的原则，实行资金的归口管理；各归口管理部门根据具体情况将资金计划指标进行分解，层层落实到所属单位或个人，实行资金的分级管理。

ABC 分类法是对存货占用资金进行有效管理的方法，其主要步骤是：计算每一种存货在一定时间内（一般为 1 年）的资金占用额；计算每一种存货资金占用额占全部资金占用额的百分比，并按大小顺序排列，编成表格；把最重要的（种类虽少，但占用资金多）存货划为 A 类，把一般存货（介于 A 类和 C 类之间）划为 B 类，把不重要的存货（虽然种类繁多，但占用资金不多）划为 C 类；对 A 类存货进行重点管理，对 B 类存货进行次重点管理，对 C 类存货进行一般管理。

经济批量法是在一定时间内保证施工需要的条件下，寻求储存成本与订货成本总和最低的订购批量。采用经济批量法，有利于加强存货管理，使储备更合理，并把加速资金周转与降低成本两者统一起来，有利于提高经济效益。经济批量的理论值可采用下式进行计算：

$$Q=\sqrt{\frac{2AF}{C}} \tag{5-1}$$

式中 Q——经济批量；

A——全年需要量；

F——每批订货成本；

C——每件年储存成本。

（二）长期资产管理

1. 固定资产管理

固定资产是企业在生产经营活动中的重要劳动资料，一般是指使用年限超过 1 年、单位价值在规定标准以上，并在使用过程中保持原有实物形态的资产。

(1) 固定资产管理的要求

企业对固定资产进行管理的基本要求是：根据国家规定的计价标准和计价方法，正确确定固定资产的价值，严格划清资本性支出和收益性支出的界限；根据国家规定的固定资产标准、类别，加强固定资产的实物管理，编制固定资产目录，设立固定资产登记簿和卡片，做到帐物、帐卡相符，定期进行清查盘点；根据需要和可能的原则，为固定资产的扩大再生产创造条件，实现固定资产的保值和增值。

(2) 固定资产的分类

建筑装饰企业的固定资产一般可分为以下六种：

生产用固定资产——指施工生产单位和为生产服务的行政管理部门使用的固定资产，如建筑物、施工机具设备、仪器及试验设备等。

非生产用固定资产——指非生产单位使用的各种固定资产，如职工宿舍、食堂、浴室等。

租出固定资产——指租给外单位使用的多余、闲置的固定资产。

未使用固定资产——指尚未使用的新增固定资产，调入尚待安装的固定资产，进行改建扩建的固定资产以及长期停用的固定资产。

不需用固定资产——指目前和今后都不用的、准备处理的固定资产。

融资租入固定资产——指企业以融资租赁方式租入的施工机具设备等固定资产。

(3) 固定资产的计价

固定资产计价是以货币为计量单位计算固定资产价值的，其计价方法有以下三种：

原值计价——原值反映企业某项固定资产的最初投资规模，即原始成本，是企业购建某项固定资产达到使用状态前所发生的一切必要、合理的支出。这种计价方法的主要优点是具有客观性和可验证性，其缺点主要表现在当物价水平发生变动后，已登记入帐的原值与现值有较大差异，不能真实反映企业现时的经营规模及其财务状况。

重置价值计价——重置价值反映企业在目前固定资产的技术装备水平，是在现有生产条件下重新购置、建造某项固定资产，估计所需的全部费用支出，即重估价值。这种计价方法虽然可以较真实反映固定资产的现时价值，但实际运用较为困难。

净值计价——净值反映企业固定资产实际占用的资金，是固定资产原值减去折旧后的余值，即折余价值。这种计价方法主要用于计算盘盈、盘亏、毁损固定资产的溢余或损失。

(4) 固定资产的折旧

固定资产由于损耗而逐渐转移的价值称为固定资产折旧，这部分转移价值称为折旧费。固定资产折旧是固定资产损耗的价值反映，固定资产折旧费是形成企业成本或费用的重要组成部分。

固定资产计提折旧的方法，一般以固定资产的原价为基础，考虑到预计的净残值、使用年限或工作量等因素，采用平均折旧（有平均年限法和工作量法）或加速折旧（有双倍余额递减法和年数总和法）等方法来计算。

企业应计提折旧的固定资产包括：建筑物、在用固定资产、季节性停用和修理停用的固定资产、以融资租赁方式租入的固定资产和以经营租赁方式租出的固定资产。

企业不计提折旧的固定资产包括：除建筑物以外的未使用、不需用固定资产，以经营租赁方式租入的固定资产，已提足折旧仍在继续使用的固定资产，破产、关停企业的固定资产和提前报废的固定资产。

2. 无形资产管理

无形资产是不具有实物形态，但能够在企业生产经营中长期发挥作用的权利、技术等特殊性资产，如专利权、商标权、著作权、土地使用权、非专利技术、商业信誉等。无形资产管理的根本目的是为了提高无形资产的使用效益。

(1) 无形资产管理的基本要求

为了确保无形资产核算与监督工作的正常进行，维护资产所有者的正当权益，企业对无形资产管理的基本要求是：正确评估无形资产的价值，划清无形资产的评估范围，掌握无形资产的估价原则（如成本计价、效益计价、行业对比计价、技术寿命计价、合同随机计价等原则）；根据国家规定，合理地将已使用的无形资产成本在有效期限内分期平均摊销；充分发挥无形资产的效能，不断提高其使用效益。

(2) 无形资产的日常管理

无形资产的日常管理是在生产经营过程中，对无形资产增加、摊销和使用情况所进行的管理。

无形资产增加的主要来源有外部购入、其他单位投入、自行开发研制等，其计价原则是：外部购入的无形资产，按实际支付的价款计价；其他单位等投资者投入的无形资产，按评估确认或按合同、协议约定的金额计价；自行开发研制的无形资产，按开发研制过程中的实际支出计价；接受捐赠的无形资产，按发票帐单所列金额或同类无形资产的市价计价。

组织无形资产的增加，必须结合企业的现有规模、生产条件、技术水平、销售状况统筹安排，必须根据有关法律和经济合同，合理取得无形资产。在向外界购入无形资产或吸收其他企业投入的无形资产时，必须进行可行性研究，避免盲目引进。

无形资产从开始使用之日起，应在有效使用期限内将原始价值平均摊入管理费用。在无形资产摊销的管理中应考虑无形资产的有效使用年限及其原始价值。

无形资产有效使用年限应按法律、合同或企业申请书规定的有效期限或受益年限确定，如无规定则按不少于 10 年的期限确定。

无形资产的原始价值是最初购置或创建时所花费的全部货币支出。无形资产的原始价值按实际成本计价。

企业在无形资产使用的管理中，应和固定资产的管理一样，积极挖掘潜力，不断提高无形资产的利用率，以取得最佳的效果。同有形资产的日常管理相类似，企业也要实行无形资产的归口分级管理，在财务部门实施综合性和指导性管理的基础上，由各有关部门按归口分级管理原则实行责任管理，明确经济责任，以提高无形资产的利用效果。

3. 递延资产与其他资产管理

(1) 递延资产管理

递延资产是指不能全部计入当年损益而应在以后年度内分期摊销的各项费用，包括开办费、以经营租赁方式租入的固定资产的改良工程支出等。

开办费是指企业在筹建期间发生的费用，包括筹建期间人员的工资、办公费、培训费、差旅费、印刷费、注册登记费，以及不计入固定资产和无形资产购建成本的汇兑损益、利息等支出。企业发生的下列费用，不应计入开办费：应由投资者负担的费用支出，为取得各项固定资产、无形资产所发生的支出，以及筹建期间应当计入资产价值的汇兑损益、利息支出等。

企业开办费支出的效益，一般要涉及企业成立以后的整个存续期间，因此，不能将开办费支出一次计入开始经营的第一个年度，但也不能在其整个存续期间摊销。按照财务制度规定，开办费从企业开始生产、经营月份的次月起，按照不短于5年的期限分期摊入管理费用。

以经营租赁方式租入的固定资产改良工程支出是指承租人根据其需要，对以经营方式租入的固定资产进行增加其效用或延长其使用寿命的改装、翻修、改建等发生的支出。按照租赁合同的规定，对以经营租赁方式租入的固定资产进行的任何改良工程支出，都应由承租人支付。租赁期满时，改良工程的设施应归出租人所有。因此，承租企业以经营租赁方式租入的固定资产改良工程支出，应当作为递延资产管理，在租赁期内分期摊入制造费用或管理费用，不能作为当期费用处理。

（2）其他资产管理

其他资产是指不包括在流动资产、固定资产、无形资产、递延资产中的资产，如特准储备物资、银行冻结存款、冻结物资、涉及诉讼中的财产等。企业应按国家有关规定对其进行财务处理。

三、成本管理

工程成本管理是施工企业围绕降低工程成本、提高经济效益所进行的成本预测、决策、计划、控制、核算分析和考核等一系列管理工作。成本管理是提高企业管理水平的重要手段，是企业实行经济责任制的重要内容，是企业提高经济效益、增强活力的主要途径。

（一）工程成本的分类和构成

工程成本是施工企业在单位工程施工过程中所发生的全部施工费用的总和，包括所消耗的各种材料等物资、周转材料的摊销费或租赁费、施工机械的台班费或租赁费、支付给现场施工的工人工资和奖金以及工程项目部为组织和管理工程施工等所发生的全部费用支出。工程成本是反映企业施工经营管理水平和施工技术水平的一个综合性指标。

1. 工程成本的分类

根据装饰工程成本管理的需要，从成本产生的时间和用途，可将工程成本划分为预算成本、计划成本和实际成本等三种形式。

（1）预算成本

工程预算成本是根据施工图纸、定额、国家或当地现行的规定、各地区的劳务和材料价格信息、价差系数、指导性取费费率等计算出来的成本。预算成本反映了完成装饰工程项目所需的直接费用和间接费用，反映了各地区建筑装饰的平均成本水平。

（2）计划成本

工程计划成本是根据计划期的有关资料，在充分考虑挖掘企业潜力、采取有效措施和加强核算的基础上，预先计算出来的成本。计划成本反映了企业在计划期内应达到的成本水平，它对于加强工程项目部的经济核算、建立和健全成本管理责任制、控制和降低工程成本具有十分重要的作用。

（3）实际成本

工程实际成本是工程项目在施工过程中实际发生的各项施工费用支出的总和。将实际成本与计划成本进行比较，可反映成本的节约和超支，用于考核工程项目部的经营效果和经济效益。将实际成本与预算成本进行比较，可反映工程的盈亏情况，用于考核企业的施工管理水平。

2.工程成本的构成

工程成本主要由工程直接费、工程间接费、计划利润和税金等构成。

(1) 工程直接费

工程直接费（又称直接成本）是直接耗用于工程上的费用，主要由人工费、材料费、施工机械使用费、其他直接费和现场经费等五项组成。

人工费包括：直接从事工程施工操作的工人以及辅助工人的基本工资、浮动工资、工资性津贴、工资附加费、医保费和奖金等费用。

材料费包括：在施工过程中耗用并构成工程实体的各种材料费用、有助于工程实体形成的其他材料费用以及所用周转材料的摊销费。

施工机械使用费包括：施工过程中的自有机械的使用台班费、外单位机械的租赁费以及按定额规定支付的施工机械进出场费等。

其他直接费包括：施工现场直接耗用的水、电、风、气等费用，冬、雨期施工增加费，夜间施工增加费，流动施工津贴以及因场地狭小而发生的材料二次搬运费等。

现场经费是施工准备、组织和管理工程施工所产生的费用，它主要包括临时设施费和现场管理费。临时设施费包括临时设施的搭设、维修、拆除费或摊销费。现场管理费包括：现场管理人员的基本工资、工资性补贴、职工福利费、劳动保险费、办公费、差旅交通费、固定资产使用费、工具用具使用费、保险费、工程保修费、工程排污费、其他费用。

(2) 工程间接费

工程间接费（又称间接成本）是进行工程施工所必须发生的（非直接用于工程上的）费用，主要由企业管理费、财务费用和其他费用等三项组成。

企业管理费是企业为了组织与管理工程施工及为现场施工服务等，所需消耗人力、物力的货币表现形式。包括：企业管理人员工资、工资附加费、办公费、差旅交通费、固定资产使用费、工具用具使用费、工会经费、劳动保险费、人身保险费、职工教育费、职工养老保险费及待业保险费、税金、其他费用。

财务费用是企业为筹集资金而发生的各项费用，包括企业经营期间发生的短期贷款利息净支出、汇兑净损失、调剂外汇手续费、金融机构手续费以及企业筹集资金发生的其他财务费用。

其他费用是按规定支付工程造价（定额）管理部门的定额编制费、定额测定费及按有关部门规定支付的上级管理费。

(3) 计划利润

计划利润是按规定应计入建筑装饰工程造价的利润。

(4) 税金

税金是国家税法规定的应计入建筑装饰工程造价的营业税、城市建设维护税和教育费附加。

（二）成本管理的内容

工程成本管理的具体工作内容，一般包括成本预测、成本决策、成本计划、成本控制、成本核算、成本分析和成本考核等七个环节。这七个环节互相联系、互相促进，如图5-11所示。

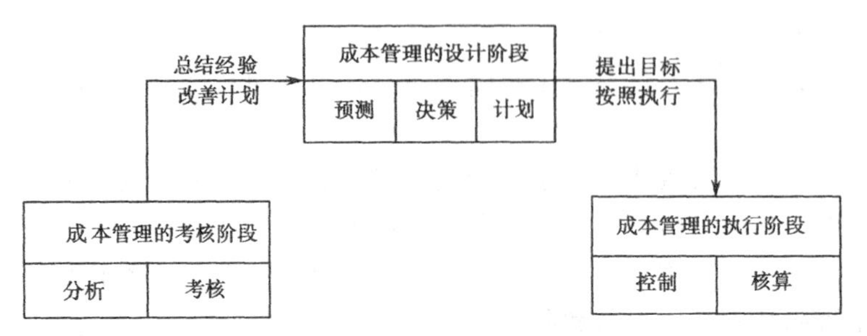

图5-11　成本管理各环节的相互关系

成本预测是成本决策的前提，成本计划是成本决策的具体化，成本考核则是保证成本决策目标实现的重要手段；成本控制是对成本计划实施进行的监督，成本核算则是对成本计划是否实现的最后检验，它所提供的成本信息又是下一个工程成本预测和决策的基础。

1. 成本预测

成本预测是成本管理中事前科学管理的重要手段。施工企业要进行成本管理，就必须着眼于未来，首先认真做好成本预测工作，科学地预见未来成本水平的发展趋势，制定出适应发展的目标成本。然后在日常的施工工程中，对成本指标加以有效地控制，努力实现所制定的成本目标。

2. 成本决策

成本决策是对企业未来成本进行计划和控制的重要步骤，它是根据成本预测的情况，由参与决策的人员经过科学认真地分析研究而做出的决策。实践证明，正确的决策能够指导人们正确的行为，能够实现预定的成本目标，可以起到避免盲目性和减少风险性的导航作用。

3. 成本计划

成本计划是对成本实现计划管理的重要环节，是以货币形式编制施工项目在计划期内的生产费用、成本水平、降低成本率和降低成本额所采取的主要措施和规划方案，也是建立施工项目成本管理责任制、开展成本管理和成本核算的基础。成本计划指标应实事求是，从实际出发，并留有余地。成本计划一经批准，其各项指标就可以作为成本控制、核算、分析和考核的依据。

4. 成本控制

成本控制是加强成本管理、实现成本计划的重要手段。施工企业在制定科学、先进的成本计划后，只有加强对成本的控制力度，才可能保证成本目标的实现；否则，只有成本计划，而在施工过程中控制不力，不能及时消除施工中的损失浪费，成本目标根本无法实现。施工项目成本控制，应贯穿于从工程招标阶段开始直到工程竣工验收的全过程中。

5. 成本核算

成本核算是对施工项目所发生的施工费用支出和工程成本形成的核算，项目经理部要正确组织施工项目成本核算工作。成本核算可以为成本管理各环节提供可靠的资料，便于

成本预测 、决策、计划、分析和考核工作的进行。

6. 成本分析

成本分析是对工程实际成本进行的分析和评价，为今后的成本管理工作和降低成本指明方向。成本分析要贯穿于施工项目成本管理的全过程，要认真分析成本升降的主观因素和客观因素、内部因素和外部因素、有利因素和不利因素等，尤其要把成本执行中的各项不利因素找准、找全，以便抓住主要矛盾，采取有效措施，提高成本管理水平。

7. 成本考核

成本考核是对成本计划执行情况的总结和评价。施工企业应建立健全成本考核制度，定期对企业各部门、项目经理部等完成成本计划指标的情况进行考核、评比，并把成本管理经济责任制和经济利益结合起来。通过成本考核，有效地调动每个职工努力完成成本目标的积极性，为降低工程成本，提高经济效益，做出自己的贡献。

（三）成本管理的要点

工程成本管理的内容多、涉及面广、影响因素复杂，施工企业在成本管理的过程中，不能眉毛胡子一起抓，而应当全面管理、总体控制、重点掌握。工程成本管理的要点，主要包括以下几个方面：

1. 科学合理地确定目标成本

目标成本是在一定的工程量和价格条件下，施工企业为实现利润目标所必须达到的成本水平。实现目标成本是工程成本管理的主要任务。因此，施工企业在工程成本管理中，首先必须科学合理地确定目标成本，才能实现降低工程成本、提高经济效益的预定目标。

2. 严格遵守成本开支范围和费用开支标准

施工企业严格遵守成本开支范围和费用开支标准，对于提高成本核算的质量，控制成本费用开支，准确计算企业盈利，具有十分重要的意义。施工企业必须划清生产经营成本与基建支出、营业外支出的界限，划清本期成本费用与下期成本费用、已完工程成本与未完施工成本等的界限，不得以预算成本、计划成本代替实际成本。

3. 实行全面的成本费用控制

实行全面的成本费用控制，就是要促使企业的各个部门以及每个职工都来参与工程成本费用的控制。为了调动全体员工参与成本费用控制的积极性，企业可根据本身的经营规模和机构设置情况，建立健全各个部门的生产经营责任制，实行“模拟市场、成本否决”等成本费用控制模式。

4. 做好成本管理的基础工作

工程成本管理的基础工作，主要是做好工程进度统计、用工统计、物资消耗统计、机械台班使用统计以及各项间接费支出的统计工作。这些统计资料是企业对成本费用进行预测、决策、计划、控制、核算、分析和考核的不可缺少的基本信息。

（四）成本控制的内容

工程成本控制的内容主要是工程直接费和工程间接费的控制。

1. 工程直接费的控制

工程直接费控制主要包括人工费、材料费、机械使用费、其他直接费和现场经费的控制。

(1) 人工费的控制

人工费的控制主要包括劳动定额的控制和工资基金的控制。

劳动定额是企业编制施工预算、施工组织设计和作业计划的依据，也是向班组签发工程任务单、控制人工费用支出的依据。从提高劳动生产率、降低工程成本的角度分析，如果现场施工实际用工少于定额用工，就可以减少人工费用。

工资基金的控制应遵循的原则是：工资增长速度不得超过劳动生产率的增长速度，正确贯彻执行各尽所能、按劳分配、多劳多得的原则，兼顾国家、集体和个人三者的利益。

(2) 材料费的控制

材料费的控制主要包括材料消耗数量的控制和材料价格的控制。

在材料消耗数量的控制中，施工企业要严格实行限额领料制度，根据材料消耗定额控制现场用料，以达到降低工程材料成本的目的。

企业在材料价格的控制上，要以地区材料预算价格作为材料采购成本的基础，按计划成本进行材料计价的核算，对材料采购业务进行审核（包括采购地点、材料价格、采购保管费和材料质量的审核），以达到控制材料采购成本的目的。

(3) 机械使用费的控制

施工企业加强对机械使用费的控制，节约机械使用费的支出，是降低工程成本的重要途径。在机械使用费的控制中，应根据机械台班定额检查施工机械的使用情况（如机械运转是否正常、有无停工及窝工等），检查有无将非机械使用费列入机械使用费内，严格控制机械使用费的支出。

(4) 其他直接费和现场经费的控制

企业在其他直接费和现场经费的控制中，不仅要按其预算定额控制费用支出，密切注意开支是否合理、节约，防止超支和浪费；还要检查费用开支是否符合有关规定，有无应该列入而未列入或不应列入而列入的项目。

2. 工程间接费的控制

对于工程间接费的控制，除要严格控制费用支出是否符合成本开支范围和费用开支标准外，更要严格审查原始凭证。严格审查原始凭证是控制费用支出的重要措施，只有当原始凭证完全符合财务制度的规定，达到合理、合法、真实、正确，才能办理费用支付手续。

审查原始凭证的要点是：原始凭证的签批是否符合规定的审批手续；原始凭证是否合法，有无假凭证、假发票；原始凭证的基本要素是否完整；原始凭证的内容是否真实；原始凭证所反映的经济业务是否合法，是否符合费用开支范围等。

(五) 降低成本的途径

在保证工程质量的前提下，降低工程成本，是企业进行工程成本管理的核心。建筑装饰施工企业降低工程成本主要是降低装饰施工中人力和物力的消耗，其降低工程成本的途径主要可从以下几个方面进行考虑。

1. 认真审核施工图纸

由于装饰工程是根据预算总价值结算的，预算总价值又是根据施工图纸和预算定额计算的。而施工图纸是设计单位按照用户要求和环境条件设计的，往往很少考虑施工单位的具体情况，一般不考虑施工单位的方便，甚至还会给施工单位带来一些施工上的麻烦和难题。因此，在满足用户要求和保证工程质量的前提下，施工单位应认真审核施工图纸等设计文件，审核图纸有无矛盾、错误和遗漏，并及时提出符合施工实际的修改意见，在征得用户和设计同意后实施，以克服直接影响工程成本和经济效益的不利因素。

2. 加强工程预算管理

在装饰工程施工合同中，工程预算是施工企业进行成本控制和核算的重要指标和惟一标准。因此，在编制施工图预算时，要充分考虑可能发生的成本费用，预算定额缺项可参照相近定额估算，做到该收的点滴不漏，以保证企业的经济利益。在工程施工中，要根据工程实际变更情况，及时办理有关的经济签证，通过工程结算取得业主的补偿，以保证工程项目的结算收入。

3. 科学合理地组织施工

施工单位降低工程成本，不仅要在施工过程中尽量节约施工费用，而且在施工准备阶段就要注意经济效益。在工程开工前，首先要做好编制施工组织设计、工程预算、落实施工队伍和组织物资采购等工作。编制合理的施工组织设计或施工方案，科学合理地组织施工，不仅能提高工程质量，加快施工进度，而且还能降低工程成本。

4. 落实降低成本的措施

为了保证工程能够降低成本，施工企业应编制降低工程成本的技术组织措施，并定期检查降低成本措施的落实和完成情况，进行降低成本的效果分析，以取得预期的降低成本效果。

5. 提高劳动生产率

提高劳动生产率，不仅可以加快施工进度，而且可以促进工程成本的降低。施工企业要提高劳动生产率，首先必须提高职工的科学技术水平和劳动熟练程度，具体要做到：加强政治思想工作，充分调动广大职工的积极性，投资培养技术骨干，不断改善施工劳动组织，提高全体职工的综合素质、整体技术水平和劳动熟练程度。其次必须千方百计提高施工机具设备的利用率，充分发挥机具设备的效能。

6. 降低装饰材料的消耗

为了降低装饰材料的消耗，施工企业应在保证工程质量的前提下，积极采取各种行之有效的具体措施。这些措施有：改善技术操作方法，推广节约材料的经验，采取代用材料，加强材料管理，实行节约材料奖励制度等。

7. 努力节约间接费用

间接费用涉及的项目多、范围广、关系复杂和不确定因素多，如果不对其加强管理，很容易造成浪费。企业应本着艰苦奋斗、勤俭节约的方针，严格控制间接费用的支出标准，量入为出、精打细算，节约开支、杜绝浪费，提高工作效率，减少非生产人员，将间接费用压缩到最低限度。

8. 尽量减少返工损失

建筑装饰施工企业在工程施工过程中，应牢固树立“百年大计、质量第一”的意识，认真贯彻“预防为主”的方针，高度重视工程质量，尽量减少返工损失，降低工程成本，使工程竣工交付使用后能够延长寿命和保障安全。如果在施工过程中经常发生工程质量事故，势必会造成人力、物力和财力的浪费，从而加大工程成本，甚至造成生命财产的重大损失。

四、经济核算

建筑装饰施工企业的经济核算是对施工过程中的劳动消耗和劳动成果，进行记录、计算、分析和对比的一种经济管理活动。经济核算的目的就是运用记帐、算帐等手段，真实反映经济效益的形成情况，研究消耗最少、成果最大、效益最佳的方式，用于指导、部署、控制企业现在或未来的经济活动。

（一）经济核算的内容

经济核算的内容主要包括以下几个方面：

1. 生产成果的核算

建筑装饰施工企业的生产成果主要是建筑装饰产品。施工企业应分阶段用相应的指标对生产成果的质量和数量进行核算，如在施工过程中主要核算实物工程量、施工质量、形象进度和施工产值等，在竣工阶段则主要核算竣工的面积、质量、工期和产值等，并分析企业完成的总产值、净产值和增加值。

2. 生产消耗的核算

建筑装饰施工企业的生产消耗主要是人力、物力的消耗。人力的消耗是活劳动的消耗，物力的消耗是物化劳动的消耗，财力的消耗是人力、物力总消耗的货币表现。综合反映生产消耗的是工程成本，生产消耗的核算亦即工程成本核算。

生产核算的目的是：挖掘降低消耗的潜力，减少和消灭浪费。企业为了节约人力、物力，应做好工程成本分析，找出降低成本的途径。在人力消耗方面应核算职工人数、工资总额、工资水平、劳动生产率、工时利用率、人员构成比例及包清工人工费等。在物力消耗方面应核算固定资产折旧、原材料等物资消耗、机具设备使用情况及周转材料、机具设备的租赁等。

3. 资金使用的核算

资金使用核算的目的是：反映和监督资金的筹集、占用和周转情况，挖掘企业占用财产物资的潜力，加速资金周转。资金核算包括资本金的构成和资产负债情况，如流动资产、无形资产、递延资产和其他资产、长期投资以及流动负债和长期负债等。

4. 经营成果的核算

企业的经营成果主要表现为盈利水平，经营成果的核算亦即盈利核算。企业的盈利水平高，表明经济效益好，资金使用效率高。

（二）经济核算的指标

建筑装饰施工企业的经济核算指标可以归纳为以下六个方面：

1. 建筑装饰产品生产指标

(1) 建筑装饰产品价值量指标

如竣工产值及企业的总产值、净产值和增加值等。

(2) 建筑装饰产品产量指标

如装饰实物量、单位工程或子单位工程形象进度、装饰建筑面积及装饰工程数量（包括在施工、新开工和竣工工程数量）等。

(3) 建筑装饰产品质量指标

如分项分部工程验收合格率、质量事故次数、返工损失金额、单位工程一次验收合格率、返修率、优良工程个数和面积等。

2. 劳动工资指标

(1) 职工人数

如职工平均人数、计算全员劳动生产率人数等。

(2) 劳动生产率

如以价值量计算的劳动生产率、以实物量计算的劳动生产率等。

(3) 工资

如工资的总额、构成及平均工资等。

(4) 职工因工伤亡事故

如重伤、死亡和工伤事故频率等。

3. 施工机具设备指标

(1) 施工机具设备数量和能力

如实有机具设备的数量和能力等。

(2) 施工机具设备价值和效率

如机具设备原值、净值、实际产量和效率等。

(3) 施工机具设备利用情况

如机具设备的完好率和利用率等。

(4) 施工机具设备事故

如机具设备的一般事故、严重事故和重大事故等。

4. 装饰材料消耗指标

如单位装饰产品材料消耗量、主要材料节约量和节约率等。

5. 财务成本指标

如企业资本金、所有者权益、资产、负债、收入、成本、损益和分配等。

6. 经济效益指标

如人均增加值、成本降低率、获奖工程率、合同履约率、资本金利润率、销售和工资利税率、净资产报酬率、存货周转率、资产负债率、流动比率和速动比率等。

(三) 经济核算的方法

建筑装饰施工企业经济核算的方法有会计核算、统计核算和业务核算三种，即以财务部门为核心进行会计核算，以经营部门为核心进行计划统计核算，以技术部门为核心进行技术业务核算，以达到对施工企业生产经营的各种经济活动进行指标分析和综合核算的目的。

1. 会计核算

会计核算主要是用价值来反映企业财产的增减变化和经济活动情况。它用价值量进行计算，通过设置帐户，复式计帐、填制和审核凭证、登记帐簿、计算成本、清查财产和编制会计报表等一系列方法，记录企业在生产经营中的各种经济活动，反映企业的各种综合性经济指标，提出企业经济活动分析的有关数据。企业的资产、负债、所有者权益、营业收入、成本、利润等六要素指标，都是通过会计核算进行的。

2. 统计核算

统计核算是利用业务核算、会计核算的资料，把企业在经济活动中的大量数据和客观现象，按统计方法进行系统整理，来反映企业生产经营活动的状况和规律。它可分别用价值量、实物量和劳动量为计量单位，通过全面调查、抽样调查等特有的方法，进行分析和编制统计报表，提供有关的绝对数、相对数和平均数指标，测算当前的实际水平，确定变动速度和速率，预测企业经济活动的发展趋势。上面所述施工企业经济核算指标中的大部分都是统计核算指标。

3．业务核算

业务核算是会计核算和统计核算的基础，主要反映企业局部的经济活动情况。它是企业各业务部门根据经济核算的需要，通过直接观察、原始记录和计算登记表，经过专门的分析，对企业某项业务的经济活动进行的核算。业务核算的目的主要在于迅速取得资料，以便在经济活动中能及时采取措施进行调整。

思考题与习题

5-1 试述建筑装饰施工企业的特征及其分类。

5-2 建筑装饰施工企业的资质一般包括哪些方面？

5-3 试述建筑装饰工程承包企业的资质分类及承包范围。

5-4 试述建筑装饰施工企业的权利、责任和利益。

5-5 企业组织机构的构成要素有哪些？

5-6 试述企业建立组织机构的原则。

5-7 企业组织机构的主要形式有哪些？

5-8 建筑装饰施工企业的规章制度有哪些？

5-9 试分别叙述建筑装饰施工及其管理的特点。

5-10 试述企业管理的性质及其职能。

5-11 企业管理的任务和基础工作有哪些？

5-12 企业计量工作的基本要求有哪些？

5-13 建筑装饰施工企业的管理现代化包括哪些内容？

5-14 施工管理的基本要求和内容有哪些？

5-15 试述月度施工作业计划的编制程序。

5-16 施工任务书的管理包括哪些？

5-17 试述施工调度工作及现场管理的要点。

5-18 技术管理的基础工作有哪些？

5-19 质量保证体系的内容有哪些？

5-20 试述质量保证体系的运转形式及运转特点。

5-21 质量检查的要点、依据和方法有哪些？

5-22 试述质量验收的基本要求。

5-23 工程质量不符合要求时应怎样进行处理？

5-24 试述影响劳动生产率的因素和提高劳动生产率的途径。

5-25 试述施工现场各阶段材料管理的内容？

5-26 机具设备有哪些保养和管理的内容？

5-27 企业筹资的原则是什么？企业筹资的渠道有哪些？

5-28 影响企业筹资的主要因素是什么？

5-29　试述现金管理的基本要求和如何加强现金的日常管理。

5-30　企业的应收帐款包括哪些款项？

5-31　什么叫固定资产折旧？固定资产如何计提折旧？

5-32　试述预算成本、计划成本、实际成本的含义。

5-33　工程成本主要由哪些内容构成？

5-34　成本管理的具体工作内容有哪些？

5-35　经济核算有哪些内容？

5-36　经济核算的方法有哪些？

主要参考书目

1 吴根宝主编．建筑施工组织．北京：中国建筑工业出版社，1995

2 朱治安主编．建筑装饰施工组织与管理．天津：天津科学技术出版社，1997

3 彭纪俊主编．装饰工程施工组织设计实例应用手册．北京：中国建筑工业出版社，2001

4 黄展东编．建筑施工组织与管理．北京：中国环境科学出版社，1995

5 张海贵主编．现代建筑施工项目管理．北京：金盾出版社，2001

6 建筑装饰工程手册编写组编．建筑装饰工程手册．北京：机械工业出版社，2001

7 纪士斌主编．建筑装饰施工．北京：清华大学出版社，2002

8 李继业主编．建筑施工组织与管理．北京：科学出版社，2001

9 王效昭等主编．企业管理学．北京：中国商业出版社，2001

10 刘金昌等主编．建筑施工组织与现代管理．北京：中国建筑工业出版社，1996

11 杜训主编．建设监理工程师实用手册．江苏：东南大学出版社，1996